W0257451

Verständliche Wissenschaft

Neunzehnter Band

Die Welt der Sinne

Von

W. v. Buddenbrock

Berlin · Verlag von Julius Springer · 1932

Die Welt der Sinne

Eine gemeinverständliche Einführung in die Sinnesphysiologie

Von

W. v. Buddenbrock

Professor der Zoologie an der Universität Kiel

1. bis 5. Tausend

Mit 55 Abbildungen

Berlin · Verlag von Julius Springer · 1932

ISBN-13: 978-3-642-89588-3   e-ISBN-13: 978-3-642-91444-7
DOI: 10.1007/978-3-642-91444-7

Inhaltsverzeichnis.

I. Von den Sinnen im allgemeinen.

II. Die einzelnen Sinne.

I. Von den Sinnen im Allgemeinen.

1. Die Umwelt des Tieres.

Die Welt, die uns umgibt, ist durchflutet von unendlich vielen Kräften. Wenn wir an einem stillen Abend den Klängen lauschen, die der Radioapparat aus fernen Ländern uns vorzaubert, so wissen wir, daß ein buntes Durcheinander der verschiedensten elektrischen Wellen uns umgibt und durchdringt. Sie sind überall, im wahrsten Sinne des Wortes allgegenwärtig, aber ohne den merkwürdigen Apparat, den der Mensch erschuf, würden wir gar nichts von ihnen gewahr werden. Die Radiowellen sind nun allerdings keine Naturerscheinungen, der Lautsprecher lehrt uns aber auch solche kennen. Es knackt und brummt, und wir wissen, daß irgendeine elektrische atmosphärische Entladung unsere Musikfreude beeinträchtigt. Diese Entladungen gibt es wahrscheinlich, solange wie die Welt steht, wer sich aber auf seine natürlichen Sinne verläßt, vernimmt sie nicht. Wir lernen hieraus, daß in der uns umgebenden Welt elektrische Kräfte wirken, die unsere Sinne nicht erreichen.

Unser Auge lehrt uns die gleiche Beschränktheit derselben. Es ist das einzige Organ, mit dessen Hilfe wir Ätherwellen wahrnehmen. Solche Ätherwellen gibt es nun in allen Dimensionen. In ununterbrochener Folge gehen sie von den kilometerlangen elektrischen Wellen, denen die drahtlose Telegraphie sich bedient, bis zu den überaus winzigen ultravioletten Strahlen und den noch viel kleineren Röntgenstrahlen. In diesem riesigen Bereich ist uns durch unser Auge nur die schmale Zone des sichtbaren Lichtes zugänglich, deren Grenzen bei 800 $\mu\mu$ und 390 $\mu\mu$ [1] liegen. Alle anderen Strahlen sind unseren Sinnen für ewig verschlossen.

---

[1] 1 $\mu\mu$ = 1 Millionstel Millimeter.

Den elektrischen Erscheinungen nächstverwandt ist der Magnetismus. Ein jeder kennt die Magnetnadel. Sie lehrt uns, daß die geheimnisvolle Kraft, welche sie richtet, überall auf der Erde sich findet. Auch in uns selbst. Wenn jemand einen Kompaß herunterschluckte, so würde dieser im Magen die Richtung des magnetischen Erdpols genau so exakt anzeigen wie sonst. Trotzdem ist kein einziger unserer Sinne imstande, uns nur das allergeringste der magnetischen Erdkraft erkennen zu lassen.

Um das Bild zu vervollständigen, brauchen wir jetzt nur noch einen kurzen Weg in das Reich der Töne zu machen. Auch unserem Hörvermögen sind nach beiden Richtungen unübersteigliche Schranken aufgerichtet. Wir hören keinen Ton, möge er noch so stark sein, der weniger als 15 Schwingungen per Sekunde macht und ebensowenig alle diejenigen, deren Frequenz über 20 000 Schwingungen pro Sekunde hinausgeht. Es fügen sich alle diese Beispiele, in denen die Begrenztheit unserer Sinne zutage tritt, zu einem geschlossenen Bilde: Wir sehen, daß es zwei verschiedene Welten gibt. Die große, objektiv gegebene physikalische Welt, die der Physiker mit seinen Instrumenten mißt und wägt, und die subjektive Welt, die den Sinnen des Organismus zugänglich ist, und die wir als seine *Umwelt* bezeichnen.

Wollen wir die Beziehungen der physikalischen Welt zu irgendeinem Organismus studieren, so genügt natürlich der engste Ausschnitt um ihn herum, wir wollen ihn seine *Umgebung* nennen. Sie enthält alle überhaupt vorhandenen Kräfte, und wir können den Satz prägen, daß für alle Geschöpfe, die am selben Ort leben, die Umgebung identisch ist. Mit der Umwelt steht es dagegen ganz anders. Zunächst ist hervorzuheben, daß sie stets nur ein ganz kleiner Ausschnitt der Umgebung ist. Wir sahen am Beispiel des Menschen und können die an ihm gewonnene Erfahrung getrost auf alle Organismen übertragen, daß sehr viele in der Umgebung wirksamen Kräfte nicht in die subjektive Umwelt des Tieres eingehen. Da die Umwelt stets nur ein Teil der Umgebung ist, folgt weiterhin, daß die Umwelt eines bestimmten Tieres nicht immer die gleiche ist. Wenn der Zugvogel vom

Norden nach Afrika fliegt, wechselt seine Umgebung in recht beträchtlichem Maße, und mit ihr ändert sich seine Umwelt. Wichtiger ist aber vielleicht die Einsicht, daß in einer und derselben Umgebung die Umwelt weitgehend von der Organisation des Tieres abhängt, das folglich seine Umwelt selbst sich schafft. Jedes Tier besitzt seine eigene, nur ihm eigentümliche Umwelt, mit der es aufs engste zu einer untrennbaren Einheit verwoben ist, und die sich von der der anderen Tiere unterscheidet.

Wir wollen uns dies an einem ganz einfachen Beispiele klarmachen und hierzu annehmen, daß auf dem Zweige eines Baumes dicht nebeneinander zwei recht verschiedene Tiere sitzen, ein Vogel und eine Raupe. Ihre Umgebung ist völlig die gleiche, aber trotzdem lebt jedes in seiner eigenen Welt, die dem anderen verschlossen ist. Der Vogel schaut munter mit seinen scharfen Äuglein in die Runde. Nichts entgeht ihm, was auf der Landstraße geschieht oder auf dem benachbarten Felde. Er erspäht den Raubvogel, der hoch im blauen Äther seine Kreise zieht, so gut wie das Mäuschen, das im Laube raschelt. Sein Sehraum, wohl der wichtigste Teil seiner Umwelt, geht wie der des Menschen bis in die unendliche Weite. Die Raupe dagegen bemerkt von all diesen Herrlichkeiten gar nichts. Die Natur hat sie nur mit einigen recht primitiven kleinen Augen versehen, mit denen sie wahrscheinlich nur unterscheiden kann, ob die Sonne scheint oder von Wolken verhüllt ist; vermutlich nimmt sie auch dies nicht zur Kenntnis, solange sie wohlgeborgen im Geäst des Baumes lebt. Grundsätzlich verschieden ist auch die Umwelt beider Tiere im Bereiche der Schallwellen. Die Raupe ist vollkommen taub, für den Vogel dagegen ist die Luft mit den verschiedensten Stimmen erfüllt, von denen die seines eigenen Volks ihm wichtigster Lebensinhalt ist. Es ist nun aber keineswegs so, daß der Vogel alle Trümpfe auf seiner Seite hat. Für ihn ist es ziemlich einerlei, ob er auf einer Eiche oder einer Linde sitzt. Baum, so denkt er, ist Baum. Für die Raupe dagegen ist zwischen beiden Bäumen ein Unterschied wie zwischen Tag und Nacht, denn die Blätter des einen munden ihr herrlich, während sie lieber des Hungers stürbe, ehe sie ein einziges Blatt des anderen Baumes verzehrte.

Wir lernen aus diesem Beispiele, daß sich die Umwelten zweier Tiere auch bei derselben Umgebung grundsätzlich unterscheiden können. Es ist notwendig, sich dies völlig klar zu machen und sich an den eigenartig fremden Gedanken der subjektiven Umwelt zu gewöhnen. Die älteren Naturforscher haben dies meist nicht getan, und es ist immer wieder der Fehler gemacht worden, daß man dachte, der Mensch sei das Maß aller Dinge und die Biene betrachte die Welt mit Menschenaugen, so wie wir es etwa in der „Biene Maja" lesen. In Wirklichkeit gibt es für Mensch und Biene überhaupt nicht dieselben Dinge. Es gibt eine Bienenwelt, eine Hundewelt, eine Welt für den Floh und wieder eine für den Bandwurm und so fort. Jedes Tier betrachtet die reale Welt mit *seinen* Sinnen und holt sich aus ihr nur das heraus, was für sein Leben wichtig und entscheidend ist.

Die Reichhaltigkeit der Umwelt wächst mit der Organisationshöhe eines Tieres. Man hat häufig darüber gestritten, wodurch sich denn letzten Endes ein höheres und ein niederes Lebewesen unterscheiden, und es hoben dann wohl die einen hervor, daß das niedere Tier trotz seiner einfacheren Organisation seine Lebensaufgaben genau so gut erfülle wie das hochstehende die seinen. Jedes Tier ist in seine Umgebung eingepflanzt, in die es vollendet hineinpaßt, die Amöbe in den Schlamm des Tümpels, der Affe in den Urwald. Jedes ist in seiner Weise vollkommen, und keines hat vor dem anderen etwas voraus. Dies ist richtig, wenn wir die Erhaltung des Lebens als die Kernaufgabe jeder Kreatur ansehen, aber dennoch bleibt der unermeßliche Abstand zwischen hoch und niedrig bestehen, und seine volle Größe erkennen wir erst, wenn wir die Umwelt beider betrachten.

Die Umwelt des allerniedersten Getiers ist von unsäglicher Armut. So gibt es für alle Einzelligen keinen Schall und für die meisten von ihnen ist die Welt finster und farblos, und trotzdem stehen sie in ihrem Sinnesleben noch viel, viel tiefer als etwa ein Mensch, der zugleich blind und taub ist, denn auch ihr Tastsinn und chemischer Sinn leistet ungleich weniger als der unsere. Aber auch, wenn derselbe Sinn bei verschiedenen Tieren vorhanden ist, leistet er dennoch oft gänzlich anderes. Es ist einfach unvergleichbar, was eine Schnecke, eine Biene und ein Vogel mit ihren Augen sehen, auch wenn sie objektiv dasselbe Bild vor sich haben.

Die Umwelt oder, wie man auch sagen kann, die Welt der Sinne, ist die Grundlage für alles, was der Organismus tut und unterläßt, sie ist auch die Basis für alles Geistige, was es in der Welt gibt. Die Umgebung kann aber noch auf eine andere Art als durch Sinnesreize auf den Organismus einwirken. Wenn wir uns im Sommer an den Strand legen, um unsere Haut zu bräunen, so sind hierbei gerade die ultravioletten Strahlen am wirksamsten, die wir nie und nimmer sehen können. Sie dringen aber in unsere Haut ein und verursachen hier die Pigmentbildung oder, wenn wir uns zu lange den tückischen Sonnenstrahlen aussetzen, den schmerzhaften Sonnenbrand. Die ultravioletten Strahlen gehören also nicht zu unserer Sinneswelt, und trotzdem üben sie eine sehr kräftige Wirkung auf unseren Körper aus. Auch die Wirkung der Wärmestrahlen liegt meistenteils außerhalb der Sinnessphäre. Wenn ein kaltblütiges Tier, also etwa ein Frosch oder ein Insekt, in eine kalte Umgebung gerät, so wird es dies zwar wahrscheinlich merken, aber die Wirkung, welche die Kälte auf den ganzen Körper, ja auf jede einzelne Zelle ausübt, hat hiermit gar nichts zu tun. Einwirkungen solcher Art gibt es noch viele, und sie sind von der größten Bedeutung. Der Körper aber erleidet sie, ohne daß er imstande ist, sich gegen sie aufzulehnen oder sie zu fördern. Er verhält sich ihnen gegenüber völlig passiv, wie ein steuerloses Schiff, das auf den Wellen des Meeres hin und her treibt.

In der Sphäre der Sinne ist dies gänzlich anders. Auf Grund der Sinneswahrnehmungen vermag der Organismus auf die Reize der Umwelt zu reagieren; aktiv und handelnd tritt er den Mächten entgegen, die in seinem Lebenskreise sich finden. Dies ist die tiefste und innerste Bedeutung unserer Sinne. Die Antwort, die das Lebewesen auf den Sinnesreiz gibt, kann eine sehr verschiedene sein, aber übereinstimmend kann von ihnen allen behauptet werden, daß sie dem Organismus förderlich und nützlich sind. Auf diesem sicheren Fundament ruht die Existenz jeder lebendigen Kreatur, die mit Hilfe ihrer Sinne ihr Leben meistert. Der Mensch freilich wird leichthin geneigt sein, die Gültigkeit dieses Satzes zu bezweifeln. Wenn ich tagaus, tagein dem Höllenlärm der Großstadt ausgeliefert bin, so reagiere ich hierauf keineswegs in nützlicher Art, sondern mit Nervosität, Arbeitsunlust und Schlaflosigkeit. Dies ist gewiß, aber man darf nicht vergessen, daß sich der Kulturmensch mit seiner Technik außerhalb der Natur gestellt hat, deren Gesetz nicht mehr völlig für ihn gilt.

Sieht man von solchen Fällen ab, in denen eine völlig unnatürliche Reizsetzung den normalen Ablauf der Dinge stört, so ist es leicht, den Nutzen der Reaktion auf einen Reiz zu erkennen, ob sich nun das Tier einem schädlichen Reiz durch die Flucht entzieht oder, dem Rufe eines anderen folgend, etwa seine Nahrung findet.

Ein neu hinzutretender Sinnesreiz ändert zumeist die Gesamtlage, in welcher der Körper sich befindet; er stört, wie man auch sagen kann, das bestehende Gleichgewicht, und der Körper reagiert, indem er, der abgeänderten Situation entsprechend, ein neues Gleichgewicht sich formt. Wir wollen uns dies an einem einfachen Beispiele klarmachen. Wenn ein Vogel, also ein Warmblüter, in die Kälte gerät, ist der Erfolg, daß er an Körperwärme verliert, die in verstärktem Maße nach außen abfließt. Der Organismus merkt die Kälte und arbeitet ihr entgegen: das Herz fliegt schneller und treibt das Blut rascher im Kreise, die Atmung steigert sich und bewirkt eine vermehrte Wärmebildung im Innern des Leibes, der Appetit wächst und zwingt das Tier, mehr Nahrung als in der Wärme zu sich zu nehmen. Alles dies geschieht als Folge des Kältereizes. Das endliche Resultat ist, daß durch die gesteigerte Wärmeerzeugung der vermehrte Wärmeabfluß wieder ausgeglichen wird, der Vogel erhält also seine Körpertemperatur konstant. So schließt sich der Kreis, und wir sehen zuletzt, daß die Reaktion auf den Reiz seine Wirkung gewissermaßen auslöscht. In der Sprache der Philosophen nennt man dies eine Regulation, und vielleicht darf man den Satz aussprechen, daß alle Reizwirkungen irgendwie auf solche Regulationen hinauslaufen.

Mitunter liegen die Dinge ein wenig verwickelter, aber dem sich schließenden Kreise begegnen wir auch hier. Wenn der Hunger sich einstellt, wird das Tier unruhig. Wie der Jäger seine Hunde ausschickt, um das Wild zu spüren, so sendet das hungrige Tier seine Sinne aus, um neue Nahrung zu erspähen. Haben die Sinne das Tier zu ihr hingeführt, so wird der Magen gefüllt, und der Hunger verschwindet, der am Anfang der ganzen Handlung stand.

So sind die Sinne für jedes Getier die sicheren Führer auf dem oft verschlungenen Pfade des Lebens. Wollen wir ihr Wesen und ihre Wirkung aber gründlich verstehen, so dürfen wir nicht bei dieser allgemeinen Erkenntnis stehenbleiben. Wir müssen die Sinne ein wenig aus der Nähe betrachten, und hier lautet die erste Frage, mit welchen Elementen unseres Körpers wir fähig sind, die Reize dieser Umwelt in uns aufzunehmen.

2. Die Sinneszelle.

Es ist nicht schwer, sich davon zu überzeugen, daß man mit dem Auge sieht, mit dem Ohr hört und mit der Nase riecht. Wenn man aber über diese ersten Erfahrungen des täglichen Lebens hinausgelangen will und den Versuch macht, Genaueres über den Sitz unserer Sinne zu erfahren, kommt man schon nicht mehr ohne die strenge Wissenschaft aus. Bleiben wir beim Auge. Es ist mannigfachen Krankheiten unterworfen. Die Hornhaut kann trüb werden oder die Linse, wie dies beim Star geschieht, zu einer undurchsichtigen Masse werden. Wenn die Kunst des Arztes es vermag, die kranke Linse zu entfernen oder die Hornhauttrübung zu beheben, so ist das Sehvermögen zwar meist verringert, aber doch noch vorhanden. Es gibt aber eine noch tückischere Krankheit, nämlich die Netzhautablösung. Wenn dieses zarte Häutchen im Hintergrunde des Auges sich ablöst, dann ist es mit dem Sehen meist für immer vorbei. Daraus lernen wir, daß die Netzhaut der wichtigste Teil des Auges ist, während Hornhaut, Linse und Glaskörper nur dazu dienen, das Sehen zu verbessern. Betrachten wir eine solche Netzhaut im Mikroskop (Abb. 1), so erblicken wir eine Unmenge ganz dicht nebeneinander stehender, winziger Zellen, und die nähere sehr schwierige Untersuchung klärt uns darüber auf, daß jede von ihnen mit einem ganz feinen Nervenfäserchen in inniger Beziehung steht. Diese kleinen unscheinbaren Zellen, die Zapfen und Stäbchen, sind es also offenbar, denen wir das Sehen verdanken, sie sind, allgemeiner ausgedrückt, *Sinneszellen*, die vor allen anderen Zellen sich dadurch auszeichnen, daß ein Nerv von ihnen ausgeht. Es hat große Mühe gekostet, bis man dies wußte, und bis man erkannte, daß in allen sogenannten Sinnesorganen, oft tief im Innern versteckt, derartige Sinneszellen sich finden.

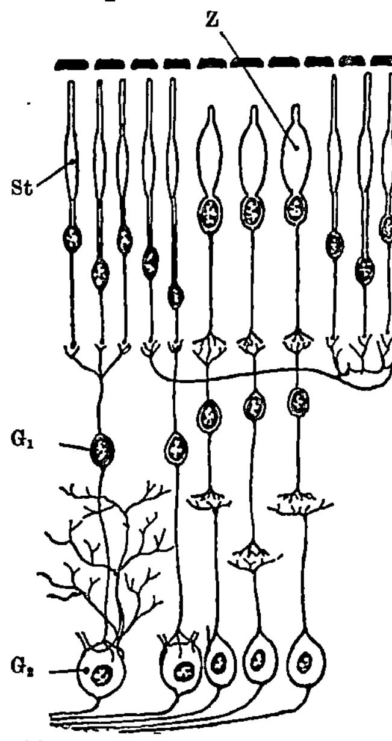

Abb. 1. Stück aus der Netzhaut des Menschen, sehr schematisch. St Stäbchen, Z Zapfen, G_1, G_2 Nervenzellen der Netzhaut.

Es ist nicht ganz leicht, sich Rechenschaft davon zu geben, was diese Sinneszellen nun eigentlich leisten. Sie sind, wie schon gesagt, winzige mikroskopische Gebilde. Es ist daher ganz unmöglich, ihre Tätigkeit direkt zu beobachten. Aber einiges prinzipiell Wichtige kann man sich auch so klarmachen. Die Reize, die wir von außen aufnehmen, sind stets physikalischer oder chemischer Art. Auch wenn ein noch so vergeistigter Mensch auf uns einwirkt, kann er es doch nicht anders tun, als durch Physik und Chemie. Der seelenvollste Blick ist schließlich nur ein optisches Signal und der zärtlichste Händedruck nur eine Deformierung so und so vieler berührungsempfindlicher Elemente unserer Haut. Unsere Sinneszellen sind also sehr nüchterne, exakte Gesellen, ihrem Berufe nach Physiker oder Chemiker. Ihre Wirksamkeit kann man sich heute am einfachsten an der

Hand der Technik klarmachen. Die unsichtbaren elektrischen Wellen, die heute immerzu und überall durch den Raum zittern, werden im Radioapparat zunächst vom sogenannten Detektor aufgenommen. Wenn die Welle einen solchen Detektor trifft, so verändert sich vorübergehend der elektrische Widerstand in ihm [1]. Dies gibt Anlaß, daß in dem Stromkreis, in den der Detektor eingeschaltet ist, ein elektrischer Strom fließt, der durch andere Apparate endlich in akustische Schwingungen sich umsetzt. Die elektrische Welle reicht also nur bis zum Detektor. Bei der Sinneszelle liegen die Dinge ganz gleich. Wenn die Lichtsinneszelle vom Lichte erregt wird, so ist es gewiß, daß das Licht als solches in unserem Körper nicht weiterdringt. Es dringt nicht etwa in den Sehnerv, und in unserem Gehirn herrscht ewige Finsternis, auch wenn die Sonne noch so hell leuchtet. Aber in der Sinneszelle selbst bringt das Licht eine Veränderung hervor, wahrscheinlich eine chemische Umsetzung.

Was hier von der Lichtsinneszelle gesagt wurde, läßt sich ohne weiteres auch auf die anderen Sinne ausdehnen. Stets wirkt der von außen kommende Reiz nur auf die Sinneszelle selbst, die Erregung, die der Nerv von der Sinneszelle zum Gehirn schickt, hat ihrer Natur nach mit dem Reiz nicht das mindeste zu tun. Es ist dies keineswegs eine blasse Theorie, sondern läßt sich in manchem Einzelfalle klar beweisen. Besonders deutlich ist es vielleicht beim Wärmesinn. Wenn das in der Haut liegende Endorgan, das auf Wärme anspricht, durch Berührung mit einem heißen Gegenstande gereizt wird, kann es unmöglich die Wärme als solche zum Gehirn weiterleiten. Der Nerv, der als dünnes Fädchen zwischen den warmen Muskeln und Blutgefäßen ins Innere zieht, wäre zu einem solchen Transport denkbar ungeeignet. Er müßte ja die Kälte oder die Wärme, die er transportieren sollte, sofort an die benachbarten Gewebe abgeben.

Unsere Sinneszellen sind also *Detektoren*, und zwar ist jede von ihnen im strengsten Sinne spezialisiert und nur fähig, auf solche Reize anzusprechen, für die sie ausschließ-

---

[1] Es gibt viele Sorten von Detektoren, die nach verschiedenen Prinzipien gebaut sind.

lich gebaut ist. Eine Lichtsinneszelle läßt sich also in keiner
Weise durch Töne aus ihrer Ruhe bringen oder durch mechanischen Druck, das alles ist kein Reiz für sie, aber auf die
geringste Schwankung der Helligkeit spricht sie an. Ein Tastkörperchen umgekehrt reagiert auf keine noch so starke Belichtung und ebensowenig auf chemische Reize, welcher Art
sie auch seien.

Die spezifische Disposition. Man [hat diese wichtige Eigenschaft der Sinneszelle, ihre Unangreifbarkeit allen Reizen
gegenüber, für die sie nicht geschaffen ist, mit einem besonderen Namen belegt und bezeichnet sie als die
„spezifische Disposition". Wie sie zustande kommt,
ist uns aber vorläufig noch ein großes Rätsel.
Logischerweise müssen wir ja annehmen, daß
dem inneren Bau nach ein himmelweiter Unterschied sein muß zwischen einer Zelle, die auf Licht
anspricht, und einer anderen, die auf Druck
oder auf chemische Ein-

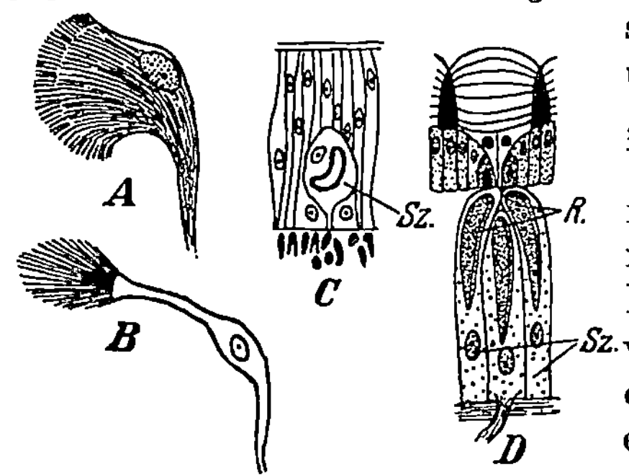

Abb. 2. Verschiedene Lichtsinneszellen.
A eines Plattwurmes, B einer Schnecke,
C Hautstück eines Regenwurmes mit Seh-
zelle Sz., D Einzelauge einer Fliege, Sz.
Sehzellen mit Rhabdom R.

flüsse reagiert. Aber im Mikroskop sehen wir hiervon recht
wenig. Die Lichtsinneszellen sind oft durch einen allerfein-
sten Besatz von Härchen ausgezeichnet (Abb. 2), oder sie
tragen im Innern einen merkwürdigen Einschlußkörper, das
sogenannte Phaosom, das ebenfalls am Rande eine eigentümliche Streifung aufweist. Aber was diese Strukturen nun
letzten Endes bedeuten, dies wissen wir nicht. Die anderen
Sinneszellen lassen auch keine deutlichen Beziehungen zwischen Bau und Funktion erkennen. Wir können bei rein ana-
tomischer Betrachtung immer nur aus der Art, wie die Sinneszellen im Körper untergebracht sind, auf ihre Lebensfunktion
schließen. So ist es z. B. leicht einzusehen, daß eine Lichtsinneszelle stets so gestellt sein muß, daß Licht von außen

sie wirklich erreichen kann. Die Haut oder die Gewebe, die
sie von der Außenwelt trennen, müssen also durchsichtig sein,
wie wir dies von unserer Hornhaut wissen. Eine Zelle, die
chemische Reize aufnimmt, darf überhaupt nicht unter der
Haut liegen, sie muß frei bis zur Oberfläche vorragen und
zeigt häufig einen Plasmafortsatz, der die übrige Körperoberfläche um ein Kleines überragt. Zellen, die auf Druck

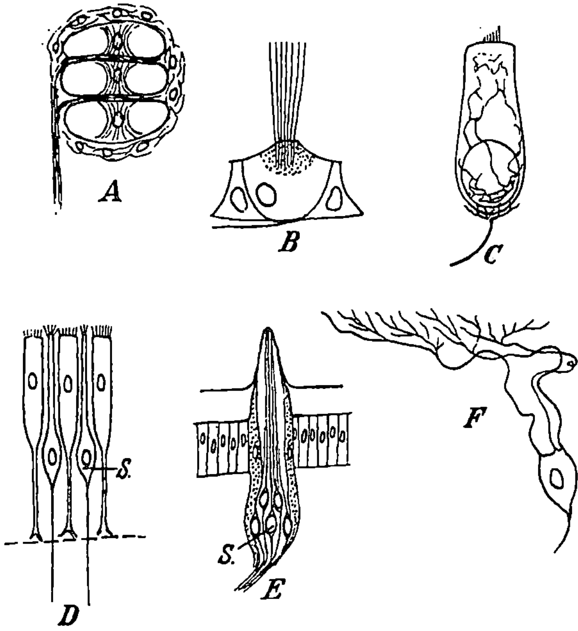

Abb. 3. Mechanische und chemische Sinneszellen. A Tastkörperchen aus
dem Vogelschnabel, B Sinneszelle aus der Statocyste einer Muschel, C Hör-
zelle der Maus, D Riechzellen eines Säugetieres, E eines Insekts. F Haut-
sinneszelle einer Libelle.

ansprechen, sind entweder in eine Saite eingespannt, wie dies
sehr anschaulich die „stiftchenführenden Organe" der Insekten zeigen (Abb. 38), oder sie liegen in einer elastischen
Kapsel eingebettet, so daß andere Reize kaum an sie heran-
treten können (Abb. 3).

Wie die meisten Gesetze der Biologie ist auch das der
spezifischen Disposition von mancherlei Ausnahmen durch-

brochen, denen aber keine große praktische Bedeutung zuzumessen ist. Hin und wieder kommt es also doch vor, daß eine Sinneszelle auch auf Reize anspricht, die nicht für sie gemünzt sind. Wenn man z. B. die Spitze der Zunge mit dem Finger leicht tupfend berührt, so erhält man deutlich den Eindruck eines säuerlichen Geschmacks. Dies ist nun aber keineswegs nach B u s c h zu interpretieren:

> „Gleich kennen wir den Fall genauer,
> Der Finger schmeckt ein wenig sauer."

Man erhält nämlich den gleichen Eindruck, auch wenn man ein ausgeglühtes und also blitzsauberes Platinstück mit der Zunge in Berührung bringt, und hat so den Beweis in Händen, daß durch solche leichte Berührung der Zunge eine Sinnestäuschung hervorgerufen wird. Auch bei den Tieren hat man gelegentlich solche Dinge gefunden. Die Meeresschnecke N a s s a trägt am Hinterrand ihrer Kriechsohle chemisch erregbare Sinneszellen. Sie haben eine ganz bestimmte Spezialaufgabe, die Schnecke vor ihrem grimmigsten Feinde, dem Seestern, zu schützen, und daher ist die Hautausdünstung dieses Räubers ihr eigentlicher Reiz. Aber es hat sich gezeigt, daß die gleichen Sinneszellen auch auf Laugen, Säuren, Hitze und elektrische Reize ansprechen. Sie sind also gar nicht unangreifbar, und es liegt wohl nur am Fehlen all dieser „falschen" Reize, daß normalerweise im Freileben nur die richtigen in Wirksamkeit treten.

Wenn wir zur Erkenntnis gelangt sind, daß unsere Sinneszellen im technischen Sinne Detektoren sind, sind wir zwar hierdurch um ein Beträchtliches klüger geworden, sofort erwachsen uns aber neue außerordentliche Schwierigkeiten. Der Vorgang im Nerven hat, wie wir sahen, nicht das geringste mit dem Reiz zu tun, der unsere Sinneszellen traf. Wie kommt es aber dann, daß wir durch unsere Empfindungen, die im Gehirn sich bilden, irgend etwas von dem erfahren, was in unserer Umwelt geschieht?

Denken wir zum Vergleich noch einmal an unsere modernen technischen Apparate, das Telephon oder das Radio. Auch bei ihnen geht zwischen Geber und Empfangsapparat die Natur des Reizes verloren. Der Telephondraht wird von rasch sich verändernden elektrischen Strömen durchflossen, die nicht die geringste Verwandtschaft mit der menschlichen Stimme besitzen, die in den Apparat hineinsprach. Im Empfangsapparat geschieht aber eine merkwürdige Umformung der elektrischen Stromschwankungen in Schall, so daß am Ende dieselbe menschliche Stimme wieder zum Vorschein kommt, die im Anfang als Reiz auftrat. Es bedarf keines besonderen Hinweises, daß es in unserem Gehirn keine solchen Empfangsapparate gibt, obgleich wir gelegentlich, um unsere Sprache plastisch zu gestalten, von unserem „inneren Ohre" oder „Auge" reden. Wir müssen uns daher, wollen wir die Vorgänge unseres Empfindungslebens verstehen, noch etwas weiter umsehen und wollen uns jetzt einmal unser Gehirn betrachten.

Jedes unserer Sinnesorgane: Auge, Nase, Ohr ist durch einen starken Nerven mit einem ganz bestimmten Teil unseres Gehirnes verbunden. Der Sehnerv mündet also in das Sehzentrum ein, der Hörnerv ins Hörzentrum. Auch für die Sinnesgebiete, in denen sich besondere Sinnesorgane nicht entwickelt haben, gilt das gleiche Gesetz. Wir haben in unserem Gehirn also ohne Zweifel auch ein Schmerzzentrum, eines für den Tastsinn usw. Jedes dieser Zentren kann Reize, welche es treffen, nur mit der ihm eigentümlichen Empfindung beantworten. Es ist also ganz gleichgültig, wie das Sehzentrum gereizt wird, es wird stets mit der Empfindung Sehen reagieren.

Die spezifische Energie der Sinneszentren. Man hat diese Fähigkeit der Empfindungszentren, die neben der spezifischen Disposition unserer Sinnesorgane die Grundlage unseres ganzen Sinneslebens ist, mit einem nicht sehr glücklichen Ausdruck als ihre *spezifische Energie* bezeichnet. Dies Wort stammt von dem berühmten Universalgenie J o h. M u e l l e r , der noch Physiologe, Anatom, Zoologe in einer Person war. Inzwischen hat das Wort Energie in Physik und Technik eine gänzlich andere Bedeutung gewonnen. Aber aus Gründen der Tradition hat man das alte Wort M u e l l e r s trotzdem beibehalten.

Um in einem solchen Zentrum die ihm spezifische Emp-

findung zu erwecken, sind die Sinneszellen selbst gar nicht
erforderlich. Wenn man es fertig bekommt, den zu dem
Zentrum hinführenden Nerven auf irgendeine Art zu alte-
rieren, so genügt dies. Nerven sprechen auf alle möglichen
Einwirkungen an, auf elektrische Ströme, auf mechanische
Stöße usw. Daher kommt es, daß Zerrungen des Sehnerven
zur Empfindung von Lichterscheinungen führen. Dies wußte
bereits der alte Münchhausen. Als er auf der Bärenjagd war
und bemerkte, daß er den Feuerstein zu Hause gelassen und
also das Pulver nicht entzünden konnte, zielte er, schlug sich
ins Auge, daß die Funken sprühten und das Pulver sich hiervon entzündete. Der Schuß krachte und erlegte das dem
Jäger sich drohend nahende Raubtier. Auch beim Durch-
schneiden des Sehnerven in Operationsfällen ist gelegentlich
von dem Kranken ein Lichtblitz gesehen worden. Vom Geschmackssinn ist Ähnliches zu berichten. Bei gewissen Opera-
tionen muß der eine unserer Geschmacksnerven, die Chorda
tympani, durchschnitten werden; in diesem Moment empfindet der Kranke einen deutlichen Geschmack. Eines der
längst bekannten Beispiele liefert wohl der Schmerzsinn.
Nach der Amputation eines Gliedes hat der Kranke noch
häufig Schmerzen, als deren Sitz er mit größter Bestimmtheit etwa den Fuß angibt, der objektiv gar nicht mehr vorhanden ist. Es werden eben in solchen Fällen vom durch-
schnittenen Nervenstumpf aus die Bahnen erregt, auf denen
vorher die Reizungen des kranken Gliedes zum Schmerzzentrum geleitet wurden.

Im normalen Leben kommt eine derartige direkte Reizung
der Sinnesnerven kaum jemals vor; die Erregung eines bestimmten Sinneszentrums kann daher in der Natur auf keine
andere Weise zustande kommen als durch die Erregung *der*
Sinneszellen, die mit ihm durch den verbindenden Nerven
zu einer untrennbaren Einheit verbunden sind. Die spezifische
Disposition der Sinneszellen und die spezifische Energie der
Sinneszentren wirken hierbei zusammen: Das Sehzentrum
wird also nur dann in Aktion versetzt, wenn Licht in unser
Auge fällt, das Hörzentrum, wenn Schallschwingungen in
unser Ohr gelangen. Damit sind wir einen Schritt weiter

gekommen. Aber man muß sich klarmachen, daß hiermit
allein noch gar keine logische Beziehung zwischen dem
außen wirkenden Reiz und unserer Empfindung hergestellt
ist. Eine solche gibt es eben ganz einfach nicht. Unsere Empfindung Rot hat gar nichts zu tun mit der Wellenlänge des
roten Lichtes, der Geruch des Kampfers und die Konstitution desselben, die uns der Chemiker aufdeckt, sind Dinge
aus zwei verschiedenen Welten, die sich in keinem Punkte
berühren. Aber eines können wir doch durch diese seltsame
Konstruktion unseres Sinnesapparates erreichen: den Vergleich und das Wiedererkennen der Dinge, die uns umgeben. Sehe ich das eine Mal Rot und das andere Mal wieder
Rot, so vermag ich mit Sicherheit anzugeben, daß ich beide
Male etwas Gleiches oder Ähnliches gesehen habe.

Die Zeichensprache der Sinne. Der große Naturforscher
H e l m h o l t z, dem wir auf den verschiedensten Gebieten
der Physiologie und Physik so unendlich vieles verdanken,
hat auf Grund der hier vorgetragenen Erkenntnis wohl als
erster den Satz geprägt, daß unsere Sinnesorgane uns keine
getreuen Abbilder der uns umgebenden Welt liefern, sondern
nur Zeichen darstellen. Die wirklichen Eigenschaften der
Dinge können wir mit unseren Sinnen überhaupt nicht erfassen. Wir sitzen im unentrinnbaren Gefängnis unseres Gehirnes und seiner Empfindungszentren. Diese Lehre ist nach
dem Ausgeführten keine Hypothese, sondern eine nicht weiter zu bestreitende Tatsache. Aber unser gesunder Menschen-
verstand bäumt sich dagegen auf, sie erscheint ihm als eine
blutlose Doktrin weltfremder Gelehrsamkeit. Ist es denn Lug
und Trug, daß wir die Dinge dieser Welt leibhaftig und
greifbar vor uns sehen?

Es ist nun in dieser schwierigen Lage ein sehr nützliches
Unterfangen, sich einmal davon Rechenschaft zu geben,
ob wir uns nicht auch sonst im Leben hin und wieder solcher Zeichen bedienen. Die Sprache, der intimste Mittler von
Mensch zu Mensch, geht ohne Zweifel zurück bis auf die
allerersten Anfänge menschlicher Kultur. Viele Jahrtausende
lang ist sie nicht nur das einzige Verständigungsmittel gewesen, sondern auch der einzige Weg, auf dem die gesam-

melte Erfahrung zum Nutzen und Frommen aller späteren
Geschlechter auf Kinder und Enkel überkommen konnte.
Erst dann kam ganz allmählich die Schrift. Unsere Schrift
setzt sich nun auch aus Zeichen zusammen. Der Buchstabe U
hat mit dem Ton des gesprochenen U ebensowenig irgendwelche Ähnlichkeit wie dieser Ton, den wir hören mit der
Schallwelle, die unser Ohr trifft. Der Buchstabe ist ganz genau so ein Zeichen für den Ton wie der Ton für den Schall,
und doch wissen wir, daß uns die verabredeten Schreibzeichen
einen vollständigen Ersatz bilden für das gesprochene Wort.
Wenn es aber auch keine Ähnlichkeit zwischen dem gesprochenen Wort und dem geschriebenen gibt, so ist doch in

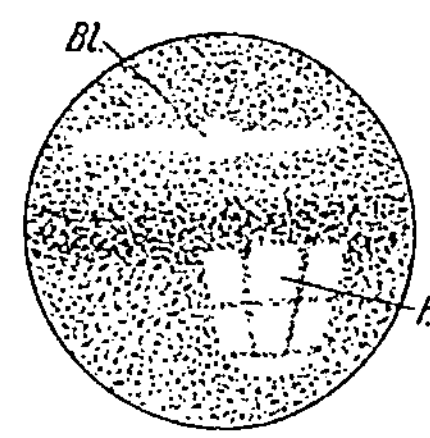

Abb. 4. Optogramm
des Kaninchenauges.
Bl. Blinder Fleck,
F. Bild eines Fensters.

einem Punkte eine sehr weitgehende Übereinstimmung zwischen beiden zu konstatieren, nämlich in der Aufeinanderfolge
der einzelnen Elemente, die das Wort zusammensetzen. Diese Erkenntnis können
wir nun völlig auf *die* Zeichen übertragen,
die wir von unseren Sinnen empfangen.
Auch bei Ohr und Auge handelt es sich um
die Wiedergabe sehr vieler Einzelelemente,
die beim Objekt in bestimmter Ordnung
sich zusammenfügen. Diese Ordnung hält
nun unser Sinnesapparat vollständig inne. Beim Auge ist sie
eine flächenhafte. Wir haben im Auge einen merkwürdigen
roten Stoff, den Sehpurpur, der bei Belichtung abblaßt. Stellt
man vor das Auge eines Säugetiers ein bestimmtes Bild, etwa
ein Fensterkreuz, tötet das Tier schnell im Dunkeln und behandelt das herauspräparierte Auge mit gewissen chemischen
Reagenzien, so kann man auf der Netzhaut tatsächlich das
Bild des Fensterkreuzes wiedererkennen (Abb. 4), und es ist
gar kein Zweifel, daß auch die in der Netzhaut befindlichen
Nervenzellen das Bild des Fensterkreuzes in durchaus der
gleichen Anordnung empfinden.

Im Gegensatz zum Auge haben wir es beim Ohr mit einer
zeitlichen Ordnung zu tun. In derselben Reihenfolge, in welcher die Schallwellen unser Ohr treffen, empfinden wir die
Töne, und so ist auch hier eine viel innigere Beziehung zwi-

schen dem physikalischen Vorgang, der als Reiz erscheint,
und unserer Empfindung gegeben, als man zunächst glauben
möchte. Hiervon werden wir sehr bald noch Genaueres erfahren.

3. Reizstärke und Reizerfolg.

Es ist eine einfache Erfahrung des täglichen Lebens, daß
die Stärke unserer Empfindungen mit der Stärke des äußeren
Reizes wächst. Aber es hat der Wissenschaft außerordentliche Mühe gekostet, dahinterzukommen, worauf diese Abhängigkeit letzten Endes beruht. Lange Zeit glaubte man,
die Sinneszelle etwa mit der Patrone eines Schießgewehrs
vergleichen zu können. Eine Patrone kann man auch „reizen“,
indem man an ihrer empfindlichen Stelle, dort, wo das Zünd-
hütchen sitzt, herumklopft. Hierbei gibt es nun ein ganz einfaches Gesetz. Entweder ich klopfe zu schwach, dann passiert
gar nichts, oder ich klopfe stark genug, dann explodiert die
Patrone. Es bleibt aber ohne jeden Einfluß, wenn ich noch
stärker klopfe als unbedingt erforderlich ist. Ob ich den
Schlagbolzen des Gewehrs gerade leicht eintreibe, oder mit
beiden Armen und aller Mannesgewalt drauflos schlage, die
Kugel wird in beiden Fällen gleich weit fliegen. Die Patrone
kann entweder ganz oder gar nicht explodieren, ein Mehr
oder Weniger gibt es für sie nicht; es gilt für sie das *Alles-
oder-nichts*-Gesetz. Dies Gesetz besteht nun auch bei gewissen
Elementen unseres Körpers zu Recht, z. B. beim Herzmuskel
oder der einzelnen Muskelfaser unseres übrigen Körpers, und
so hielt man sich einige Zeit für berechtigt, es auch für die
Sinneszelle in Anspruch zu nehmen.

Hier wird nun vielleicht die Frage laut werden, wie man
sich denn überhaupt mit Hilfe dieses Gesetzes die unleugbare Beziehung zwischen Reizstärke und Empfindungsstärke
erklären könnte. Muß nicht, wenn die Sinneszelle bei genügend starker Reizung wie die Patrone sich entladet, der
Erfolg in jedem Falle der gleiche sein? Scheinbar ja, aber in
Wirklichkeit läßt sich diese Schwierigkeit durch die sehr
einfache Annahme umgehen, daß die verschiedenen Sinneszellen eines Sinnesorgans eine verschiedene Reizschwelle be-

sitzen. Was das bedeutet, wollen wir uns an einem ganz einfachen Beispiele klarmachen. Wenn in einer Jugendherberge zehn junge Leute in den Schlaf des Gerechten versunken sind, wie wird es dann frühmorgens beim Wecken zugehen? Ein oder zwei haben einen leisen Schlummer, sie wachen vielleicht schon auf, wenn sie die sich nahenden Schritte hören, andere erwachen erst, wenn heftig an der Tür gepocht wird, und die beiden letzten müssen leibhaftig vom Strohsack gezogen werden, ehe sie wieder zu sich selber kommen. Wir haben also hier zehn „Personen", von denen wir eine jede mit einer einzelnen Sinneszelle vergleichen können, die eine verschiedene Reizschwelle besitzen, und es folgt hieraus sichtbarlich der Unterschied in der Wirkung verschieden starker Reize auf sie alle zusammen.

Es unterliegt keinem Zweifel, daß es auch im Reich der Sinne solche Beziehungen gibt. Unsere Sehschärfe hängt z. B. in höchst auffälliger Weise von der Helligkeit ab. Wir können also von einem Gegenstande, der vor uns steht, bei besserer Beleuchtung mehr Einzelheiten erkennen als bei schlechterer. Dieses keineswegs selbstverständliche Gesetz gilt auch bei der Honigbiene. Seine sehr einfahe Erklärung ist die folgende: Die Sehzellen unserer Netzhaut haben eine verschiedene Reizschwelle, die einen sprechen schon bei sehr schwachem Licht an, die anderen bei mittelstarkem, wieder andere nur bei sehr starkem Licht. Das Mosaik der sehtüchtigen Zellen ist daher bei mattem Licht lockerer gefügt, und daher können wir weniger Einzelheiten erkennen (Abb. 5).

So klar dieser Fall nun auch liegen mag, so bleibt es trotzdem weiterhin dunkel, wie sich die einzelne Sinneszelle starken und schwachen Reizen gegenüber verhält. Hier aber begegnet der Naturforscher den größten technischen Schwierigkeiten. Wie in aller Welt kann man eine einzelne Sinneszelle in ihrer unendlichen Kleinheit untersuchen? Wenn wir unser Auge, unser Ohr oder unsere Nase reizen, sind es stets Zehntausende von Sinneszellen, die gleichzeitig vom Reize getroffen werden, und es ist völlig unmöglich, eine von ihnen allein einer solchen Prüfung zu unterwerfen.

Erst in den letzten Jahren ist es einem englischen Forscher

gelungen, dieses Geheimnis der Sinneszelle zu lösen. Zunächst wollen wir uns einmal seine Apparatur ansehen. Die Erregung, die, von der Sinneszelle ausgehend, durch den zarten sensiblen Nerven zum Gehirn fließt, ist stets von sehr schwachen elektrischen Strömen begleitet, die man Aktionsströme nennt. Man kann sie messend verfolgen. Es geschieht dies mit Hilfe eines sogenannten Kapillarelektrometers, bei welchem sich der elektrische Strom durch eine rasch vergängliche Bewegung eines kapillaren Quecksilbersäulchens kenntlich macht. Der genannte Forscher verbesserte diese Methode durch Einführung der in der Radiotechnik gebräuchlichen Verstärkerröhren, durch welche der zu messende Strom

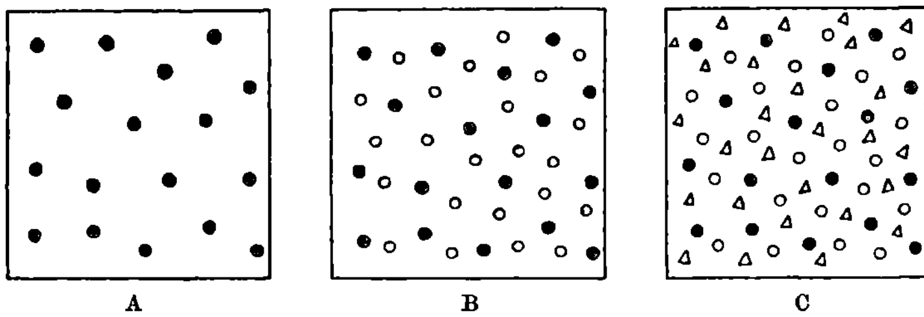

Abb. 5. Abhängigkeit der Sehschärfe von der Lichtstärke. A schwaches Licht, nur wenige Sinneszellen sind erregt, B mittleres, C starkes Licht. Schema.

um das Tausendfache verstärkt wird. Hierdurch kann man auch ganz winzige Ströme messen, die früher der Beobachtung überhaupt nicht zugänglich waren.

Mit dieser Apparatur untersuchte er den Frosch. In seinen Muskeln sitzen die sogenannten Muskelspindeln, eigentümlich geformte Sinnesendigungen, für welche die Dehnung des Muskels den natürlichen Reiz darstellt, und an manchen Stellen des Froschkörpers gelingt es nun wirklich, eine solche Muskelspindel isoliert zu reizen und zu sehen, was sich hierbei an elektrischen Erscheinungen im sensiblen Nerven zeigt. Hierbei stellte sich etwas durchaus Unerwartetes heraus. Die gereizte Sinneszelle sendet rhythmisch sich wiederholende Erregungen oder Impulse in den Nerven, und die Schnelligkeit der Folge oder die Frequenz dieser Impulse ist abhängig von der Stärke des Reizes. Hierauf reagiert nun offenbar unser Gehirn: Je höher die Frequenz, desto stärker ist die Empfindung.

Die Muskelspindeln des Frosches sind leider bisher die einzigen Gebilde, von denen man mit genügender Sicherheit diese Abhängigkeit kennt, und so müssen wir uns vorläufig einige Reserve in der Verallgemeinerung dieser Befunde auferlegen. Interessant ist es aber, daß rhythmische Entladungen der Sinneszellen auch beim Lichtsinn und Gehörsinn festgestellt worden sind. Beim Auge des Tintenfisches hat man dies schon vor langer Zeit gefunden. Je nach der Wellenlänge des Lichtes lassen sich Aktionsströme messen, deren Frequenz zwischen 3o und 6o p. Sek. schwankt. Beim Ohre des Säugetiers haben neuerdings amerikanische Forscher die nahezu unglaublich klingende Feststellung gemacht, daß eine vollständige Übereinstimmung zwischen der Schwingungszahl der erklingenden Töne und der im Hörnerven nachzuweisenden Aktionsströmen existiert. Wenn wir uns also den Klängen eines musikalischen Kunstwerks hingeben, so stimmen die Erregungen unseres Gehirns nicht nur in der Aufeinanderfolge der Einzelvorgänge, sondern auch im Charakter jeder von ihnen im weitesten Maße mit den akustischen Schwingungen überein, die als rein physikalische Erscheinungen von außen an unser Ohr reichen.

Unsere Seele schwingt also gleichsam mit bei allen Melodien, die der Künstler der Geige oder dem Klavier entlockt, und so begreifen wir, daß die anscheinend so unbeholfene Zeichensprache unserer Sinne in Wirklichkeit ein Instrument von unerhörter Vollendung ist.

4. Die Beantwortung des Sinnesreizes.

Die Erregungen, die eine Sinneszelle treffen, werden durch das dünne sensible Nervenfädchen, das von ihr ausgeht, stets der Zentralstation des Lebens, dem Nervensystem, zugeleitet. Je nach der Art des Sinnes unterscheidet sich die Antwort, welche das Zentrum auf den Reiz hin gibt. Aber die scheinbar sehr große Mannigfaltigkeit aller dieser Antworten ist ohne Mühe auf die folgende Dreizahl zurückzuführen: Empfindung, Bewegung, Erregung.

Die Empfindungen. Die Empfindungen können wir nur an uns selber studieren. Sie stehen am innersten Tore unserer Seele und führen in ein Reich, in das außer uns selbst kein Einziger Zutritt hat. Die Empfindungswelt aller übrigen Wesen, selbst der Menschen, die uns im Leben am nächsten stehen, ist uns verschlossener als die Schatzkammer irgendeines Sagenkönigs, die von tausend Wächtern bewacht wird.

Was eine Empfindung eigentlich ist, vermag uns niemand zu definieren: sie ist eines der Urphänomene des Lebens, geheimnisvoll wie dieses selbst und auf nichts anderes zurückführbar. Der Psychologe lehrt, daß unsere Empfindungen das einzige real Gegebene sind, und daß wir unser gesamtes Weltbild aus unseren Empfindungen erst ableiten. Alles, was es auf Erden gibt, lernen wir nur durch unsere Empfindungen kennen. Gäbe es sie nicht, so würden wir am letzten Tages unseres Lebens nicht mehr wissen als im ersten Moment, in dem das Licht dieser Welt unser Auge traf.

Beim Menschen ist die Empfindung sehr oft die einzige Wirkung des Reizes. Daß das, was wir immerfort sehen, hören oder fühlen, unseren Organismus irgendwie erregt, verrät für gewöhnlich nicht die allerkleinste Bewegung. Beantworten wir einen Licht- oder Schallreiz mit einer Bewegung, so geschieht dies stets auf dem Umwege über die vorangehende Empfindung: Erst sehen wir, und erst auf dieses Sehen baut sich der Entschluß auf, nach dem gesehenen Gegenstande zu greifen oder irgendeine andere Handlung vorzunehmen. Es muß schon ganz toll hergehen, sollen wir auf direktem Wege einen solchen Sinnesreiz mit einer unmittelbaren Bewegung beantworten: Etwa, wenn ein Lichtblitz, ein Knall, ein Schlag oder ein abscheulicher Geruch uns aus unserer Ruhe aufschreckt. Dann und nur dann reagieren wir objektiv, so daß auch ein fernerer Beobachter es gewahr würde.

Die Reflexbewegungen. Das unbedingte Vorherrschen der Empfindungen verführt uns leicht zu dem Glauben, daß es neben ihnen überhaupt keine andere Art gibt, auf Reize zu reagieren. Es ist aber unschwer sich eines besseren zu belehren.

Komme ich aus Versehen einem heißen Gegenstand zu
nahe, so erfolgt zweierlei: Erstens fahre ich sehr schnell mit
der Hand zurück und zweitens empfinde ich einen Schmerz.
Es ist dies nun keineswegs so aufzufassen, daß zuerst der Schmerz
kommt und das Gehirn als Antwort auf den Schmerz befiehlt,
daß die Hand zurückgezogen wird, sondern beide Geschehnisse verlaufen unabhängig voneinander. Wir lernen also hier
eine Reaktion kennen, bei der die Bewegung als ebenbürtiger
Genosse neben die Empfindung gestellt ist. Es gilt dies auch
von anderen Sinnesorganen, z. B. vom Kitzel.

Endlich gibt es drittens Beispiele davon, daß unter Wegfall jeglicher Empfindung der Reiz nur durch eine Bewegung
beantwortet wird. Ein jeder kennt dies von seiner Pupille.
Mit maschinenmäßiger Exaktheit reagiert sie auf jegliche
Veränderung des Lichts, das unser Auge trifft. Wenn wir
aber keinen Spiegel zur Hand nehmen, merken wir selbst dies
gar nicht, denn das Zusammenziehen der Muskelchen unserer
Regenbogenhaut oder Iris ist von keinerlei Empfindung begleitet. Ein anderes sehr ausgeprägtes Beispiel dieser Art ist
unser Balanciervermögen. Kommen wir beim Gehen irgendwie aus dem Gleichgewicht, so machen wir, ohne daß wir es
wollen, sehr verständige Bewegungen mit Rumpf, Armen und
Beinen, durch die unser Körper das Gleichgewicht zu bewahren sucht, Empfindungen besonderer Art treten auch hierbei
nicht in Erscheinung.

Alle diese Bewegungen haben die Natur eines *Reflexes*,
den wir auf diese Art als eine zweite den Empfindungen eben-
bürtige Form des Reagierens auf einen Reiz kennenlernen.
Ein Reflex verläuft auf einer festen vorgeschriebenen Nerven-
bahn. Von der Sinneszelle wird die Erregung genau wie beim
Empfindungsvorgange zunächst zum Zentrum geführt; hier
erfolgt automatisch über eine oder mehrere Schaltstationen
hinweg die Weiterleitung zu einem „motorischen" Nerven,
der endlich zu irgendeinem „Erfolgsorgan" meist einem
Muskel oder einer Drüse, einem Leuchtorgan oder was es
sonst gibt, hinführt (Abb. 6). Mit derselben maschinenmäßi-
gen Notwendigkeit, mit der die elektrische Klingel in der
Wohnung anspricht, wenn draußen irgend jemand auf den

Knopf drückt, zuckt der an einen Reflexbogen angeschlossene
Muskel, wenn die zugehörigen Sinneszellen von einem Reize
getroffen werden. Unser Wille ist dem reflektorischen Geschehen gegenüber ziemlich machtlos. Es gehört eine helden-
hafte, den meisten Menschen unvorstellbare Willensanspan-
nung dazu, eine Reflexbewegung zu unterdrücken, die der
Schmerz befiehlt. Darum ist es berechtigt, wenn über die
Jahrtausende hinweg Mutius Scaevola als höchstes Beispiel
männlicher Willensstärke
genannt wird. Wir Deut-
schen können freilich dem
sagenhaften Römer, der
vielleicht nie gelebt hat,
den wackeren Pumpen-
meister der Seydlitz vor-
anstellen, der, um sein
Schiff vor vernichtender
Explosion zu retten, ein
glühendes Rad mit bloßen
Händen drehte.

Die Pupille würde aber
auch auf den Machtspruch
eines solchen Willensriesen
nicht reagieren, sie ist dem
Einspruch des Willens
völlig entzogen und daher
das reinste Beispiel eines
einfachen Reflexes.

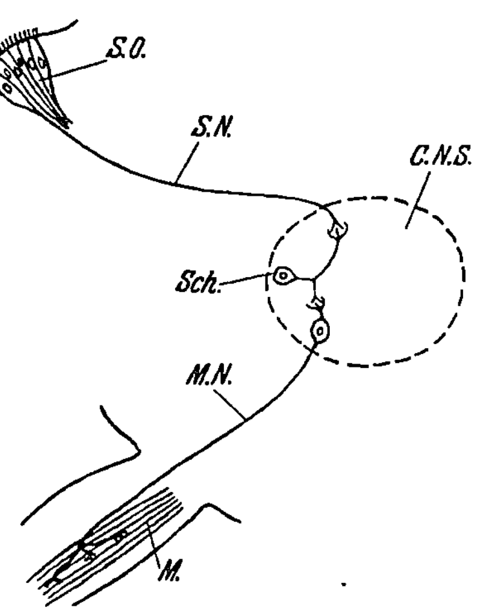

Abb. 6.   Schema eines Reflexbogens.
S.O. Sinnesorgan, S.N. sensibler Nerv.
C.N.S. Zentralnervensystem, Sch. Schalt-
zelle,   M.N. motorischer Nerv,
M. Muskel.

Die Reflexe spielen in unserem Leben eine viel wichtigere
Rolle, als man sich gemeinhin vorstellt. Die meisten unserer
willkürlichen Bewegungen bestehen darin, daß wir einen
meist sehr komplizierten Reflexapparat auslösen, der dann
automatisch abläuft. Schon das kleinste Kind kann seinen
Blick dorthin richten, wohin es „will". Dabei bewegt es in
jedem seiner beiden Augen auf das feinste abgestuft sechs
Augenmuskeln. Die meisten Menschen wissen überhaupt nicht,
daß sie sechs Augenmuskeln besitzen, und auch wenn sie es
wüßten, würden sie nicht fähig sein, auch nur einen einzigen

im erforderlichen Maße zu verkürzen. Die ganze anscheinend willkürliche Handlung ist nur ein Reflex, der, ohne daß wir etwas dazu tun können, abläuft, sobald wir den Entschluß gefaßt haben, dies oder jenes zu betrachten.

Wir haben jetzt Empfindung und Bewegung als die beiden wichtigsten Formen kennengelernt, in denen unser Organismus auf einen Reiz antwortet. Die dritte Form, die das Nervensystem aufpeitschende Erregung, studieren wir besser bei den Tieren, denen wir uns jetzt überhaupt zuwenden wollen. Gleich an der Schwelle begegnen wir aber hier einer äußerst delikaten Frage: Wie steht es denn eigentlich mit den Empfindungen unserer vierbeinigen Lebensgefährten und wie mit den Empfindungen des „Gewürms"? Sie zu beantworten ist freilich nicht mit exakten Mitteln möglich, auch wird unser Bescheid verschieden lauten, je nachdem, welche Lebewesen wir vor uns haben.

Wir machen den Anfang am besten mit unseren Mitmenschen. Es wird niemandem einfallen, zu leugnen, daß sie wie wir selbst Empfindungen besitzen, obgleich man nur durch einen Analogieschluß von sich auf die anderen deren Empfindungen beurteilen kann. Wollte sich jemand von dieser Weltmeinung ausschließen, weil für sie der experimentelle Beweis nicht zu erbringen ist, so würde man ihn kurzerhand ins Irrenhaus sperren, damit er nicht in Gefahr käme, an seinen empfindungslosen Mitmenschen sein Mütchen zu kühlen. Bei den Tieren, auch den höchststehenden, ist die Sache nicht gar so einfach. Es ist einer der obersten Grundsätze unserer Wissenschaft, daß wir über die Empfindungen der Tiere nichts aussagen können. Dürfen wir aber hieraus ableiten, daß sie wirklich keine Empfindungen haben? Daß dies unzulässig wäre, erhellt aus dem folgenden Vergleich. Der Mond, der als Trabant in getreuer Beständigkeit unsere Erde umkreist, zeigt ihr stets das gleiche Gesicht. Seine eine Hälfte ist der Erde ständig zugekehrt, die andere ihr abgewendet. Kein Astronom der Zukunft wird also jemals etwas darüber aussagen können, wie es auf dieser anderen Seite des Mondes aussieht. Dennoch wird niemand leugnen, daß sie existiert, und daß es auf ihr vermutlich so ähnlich aussehen

24

wird wie auf der uns zugekehrten. Ganz genau so steht es
mit den Empfindungen der Tiere. Daß wir nichts über sie
aussagen können, bedeutet nicht, daß wir sie leugnen, sondern nur die Anerkennung einer Grenze, die unserem Wissen
für ewig gesetzt ist.

Dagegen können wir mit einem sehr reichen Tatsachen-
material aufwarten, wenn die Sprache auf die Reflexbewegungen der Tiere kommt. Es ist aber nicht die Aufgabe dieses
Büchleins, eine weitschweifige Aufzählung alles dessen vorzunehmen, und so wollen wir uns mit einigen ganz allgemeinen Bemerkungen begnügen. Sahen wir, daß beim Menschen die Empfindungen ganz im Vordergrunde stehen, so
verschiebt sich das Verhältnis zwischen Empfindung und
Reflex immer mehr zugunsten des letzten, je weiter wir uns
vom Menschen entfernen.

Bei den allerniedersten Tieren, den Polypen und Quallen,
sind also alle Bewegungen rein reflektorischer Natur. Wir
können getrost behaupten, daß es Empfindungen bei ihnen
gar nicht gibt, weil nämlich noch gar kein Zentrum, unserem
Gehirn entsprechend, nachweisbar ist, das wir als den Sitz
irgendwelcher Empfindungen betrachten könnten.

Machen wir einen großen Schritt bis zu den Tieren mitt-
lerer Organisationshöhe, wie es die Insekten und Krebse
sind, so werden wir zwar das Vorkommen von Empfindungen
nicht absolut leugnen können. Es wäre wenigstens ungereimt,
wollte man annehmen, daß die Biene nichts empfindet, wenn
ihr Auge vom Licht getroffen wird. Aber außerdem entdecken
wir eine Unzahl zum Teil sehr komplizierter Reflexhandlun-
gen, weit mehr als bei uns. Wie kann man nun aber nachweisen, daß eine auf einen Reiz hin auftretende Bewegung
nicht eine Willenshandlung ist, sondern ein blindwaltender
Reflex? Nichts einfacher als dies. Wir nehmen eine Schere
und schneiden einem Insekt, etwa einer Libelle, den Kopf
ab. Dann haben wir das Gehirn entfernt, das notwendigerweise als der Sitz etwaiger Empfindungen auch dieser Tiere
zu gelten hat. Trotzdem bemerken wir, daß eine große Menge
verwickelter Handlungen auch jetzt noch korrekt ausgeführt
wird. Ich setze mir z. B. die Libelle auf die Hand und

zwicke sie ein wenig in ihren Hinterleib. Auf diesen mechanischen Reiz hin geschieht dreierlei: Einkrümmen des Hinterleibes, der sich auf diese Art dem Reize entzieht, Loslassen der Beine und Flattern mit den Flügeln. Wir nennen dies einen *zusammengesetzten Reflex*, der darauf beruht, daß auf Reizung gewisser Sinneszellen vom Nervenzentrum aus eine Reihe verschiedener Erfolgsorgane in Tätigkeit gesetzt werden. Manche dieser zusammengesetzten Reflexe sind noch viel komplizierter. Wenn man am Meeresstrand in Versuchung gerät, eine der dort herumlaufenden Taschenkrabben am Bein festzuhalten, so wehrt sie sich verzweifelt. Erst zieht sie das gepackte Bein, so sehr sie kann, an den Leib heran, dann kommen die benachbarten Beine ihrem Bruder zu Hilfe: sie stemmen sich gegen die Hand mit aller ihrer Kraft. Nutzt auch dies nicht, so wird die Schere herangeholt, welche den Finger empfindlich zwickt, und ganz zum Schluß eilt endlich auch noch die Schere der anderen Körperseite herbei. Das ganze sieht just so aus wie eine von Empfindungen und Urteil geleitete Handlung eines Menschen. Aber der Forscher belehrt uns mit dem Operationsmesser, daß auch der hirnlose Taschenkrebs, der nur noch eine Reflexmaschine ist, genau das gleiche leistet. Wir haben es also auch hier mit einem zusammengesetzten Reflex zu tun, der auf die Reizung der mechanischen Sinneszellen des festgehaltenen Beines zur Auslösung gelangt.

Wiederum einen anderen Ablauf des reflektorischen Geschehens sehen wir bei den sogenannten *Reflexketten*. Sie beruhen darauf, daß eine Reflexbewegung, die auf einen bestimmten Reiz hin geschieht, die Reizung anderer Sinneszellen zur Folge hat. Es schließt sich daher an die erste eine zweite Reflexbewegung an, die ebenfalls eine Reizung neuer Sinneszellen bedingt, und so geht das Spiel weiter (Abb. 7). Wir werden an einer anderen Stelle dieses Buches derartige Reflexketten kennenlernen, die dauernd in unserem eigenen Körper vor sich gehen. Hier sei als Beispiel der Regenwurm herangezogen. Er besteht, wie alle Ringelwürmer, aus einer großen Zahl hintereinander geschalteter Segmente, die alle einen und denselben Bau aufweisen. Jedes Segment ist gewissermaßen ein selbständiger in sich geschlossener Apparat, der aber auf das nächste Segment in bestimmter Weise einwirkt. Das Kriechen des Regenwurms geht nun folgendermaßen vor sich: Das Segment 1 zieht sich zusammen, kontrahiert sich, es wird kurz und dick (1 a). Es übt dabei einen Zug aus auf das nach hinten benachbarte Segment 2. Dieser Zugreiz bewirkt nun den Ablauf der gleichen Reflexbewegung. Das zweite Segment gibt dem Zuge zunächst nach und dehnt sich, um anschließend wieder kurz und dick zu werden, hierbei zieht es das dritte an sich heran, und so geht das Spiel weiter. Man sieht daher über den Wurm eine Bewegungswelle hinlaufen, die ein Segment nach dem anderen erfaßt.

Der Reflextonus. Man kann noch so viele solcher Reflexe aufzählen, in einem Punkte stimmen sie alle überein: sie zeigen stets eine Kontraktion irgendwelcher Muskeln. Der Sinnesreiz vermag sich aber noch in einer völlig anderen Weise auf die Muskeln auszuwirken. Unsere Pupille zieht sich bei plötzlicher Veränderung des Lichtes heftig zusammen oder

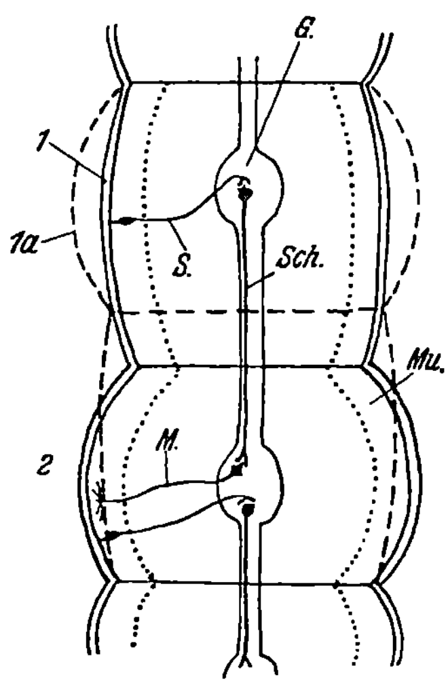

Abb. 7. Reflexkette beim Regenwurm. G. Ganglion, S. sensibler Nerv, Sch. Schaltzelle, M. motorischer Nerv, Mu. Muskelschicht.

erweitert sich. Lassen wir aber dauernd ein bestimmtes, gleichbleibendes Licht auf sie wirken, so gewahren wir einen anderen Effekt. Sie zeigt keine Bewegung, aber bei schwachem Licht ist sie dauernd weit offen, bei starkem dauernd klein. Die Muskeln der Regenbogenhaut sind also in einen „tonischen“ Kontraktionszustand, d. h. einen andauernden Zustand krampfartiger Zusammenziehung, geraten, der von der Größe der Lichtstärke abhängt. Es kann bewiesen werden, daß von der Netzhaut andauernd kleine Erregungen zum Gehirn und von dort aus zu den Irismuskeln geschickt werden, die bewirken, daß die Pupille, solange das Licht sich nicht ändert, ständig eine bestimmte Größe beibehält. Die tonische Kontraktion der Muskeln ist also ebenfalls eine Wirkung des Sinnesreizes. Haben wir dies verstanden, so ist es ein Leichtes, auch das folgende zu begreifen. Die Schönheit eines gut gewachsenen jungen Menschenkindes beruht keineswegs nur auf dem Ebenmaß der Form. Es kommt noch etwas Zweites hinzu, die straffe und doch freie Haltung von Rumpf und Gliedern. Die Muskeln eines kräftigen jungen Mannes sind auch dann, wenn er anscheinend lässig dasteht, alle bis zu einem gewissen Grade gespannt. Sie befinden sich also genau wie die soeben betrachteten Irismuskeln im Zustande einer dauernden tonischen Kontraktion. Es ist unschwer nachzuweisen, daß ständige Erregungen vom Zentralnervensystem her dies bedingen, aber die Frage ist nun, woher nimmt das Nervensystem diese Erregungen? Schickt es sie spontan aus, oder haben wir es auch hier, wie bei der Pupille, nur mit dem motorischen Endteil eines Reflexbogens zu tun, der bei irgendeinem Sinnesorgan seinen Anfang nimmt? Am Menschen ist diese Frage nicht zu beantworten. Aber das Tierexperiment hilft uns weiter.

Abb. 8. Entstatete Taube mit Gewicht am Schnabel. Nach Ewald.

Das nebenstehende Bild zeigt eine Taube, der man das innere Ohr, das sogenannte Labyrinth, mit chirurgischen Mitteln beiderseits entfernt hat (Abb. 8). Man hat ihr eine kleine Bleikugel an den Schnabel gebunden, aber der Tonus ihrer Muskeln ist dahin, man sieht, daß der Hals nicht mehr die Kraft besitzt, das geringe Gewicht von 20 g hochzuheben. Sie ist auch sonst schwach, kann nicht mehr ordentlich fliegen, sich nicht wieder aufrichten, wenn man sie an den Füßen hochhebt. Es gibt viele solche Beispiele. Der athletische Taschenkrebs, der sonst mit seiner Schere mit Leichtigkeit einen Bleistift zerquetscht, wird ein Schwächling, wenn man ihm seine Gleichgewichtsorgane, die sogenannten Statocysten, entfernt. All dieses erinnert von ungefähr an die uralte Sage vom gewaltigen Simson, dem Dalila im Schlafe die Haare abschnitt, worauf er kraftlos und schwach erwachte. Die Wissenschaft hat diese Sage gewissermaßen zu neuem Leben erweckt, nur daß es nicht die Haare, sondern gewisse Sinnesorgane sind, von denen die Kraft ausgeht.

Soweit in diesen Fällen ein Schwund des Muskeltonus zu beobachten ist, sind sie leicht zu erklären. Wir brauchen nur anzunehmen, daß ähnlich, wie die Netzhaut fortwährend ihre kleinen Erregungen zur Iris schickt, das innere Ohr ständig solche Erregungen zu sämtlichen Muskeln des Körpers hinleitet. Sehr viel schwieriger ist die Frage zu beantworten, aus welchem Grunde der statocystenlose Krebs mit seinen Scheren nicht mehr ordentlich zubeißen kann oder warum die Taube, des inneren Ohres beraubt, sich unfähig erweist, energische Bewegungen mit ihren Flügeln zu machen.

Die Stimulation des Nervensystems. Wollen wir dies verstehen, so müssen wir ein wenig weiter ausholen. Die elektrische Klingel bot uns das beste Modell zum Verständnis eines Reflexes. In der Mitte der Klingelleitung befindet sich nun der Akkumulator. Nur, wenn er geladen ist, funktioniert die Anlage, ist der Akkumulator aber leer, so kann einer draußen vor der Tür so lange auf den Knopf drücken wie er will, es wird nichts erfolgen. Es scheint nun, im Bilde gesprochen, daß auch unsere motorischen Nervenzellen einer derartigen Ladung bedürfen, und daß ihre Aufladung durch die Reize geschieht, die von gewissen Sinnesorganen ständig dem Nervensystem zugeführt werden. Fallen diese Reize fort, so gerät das Nervensystem bald in einen Zustand, in welchem es mehr oder weniger unfähig wird, Reflexreize mit kräftigen Reaktionen zu beantworten. Wir lernen so als eine letzte, noch wenig anerkannte, aber nicht unwichtige Leistung der Sinneszellen *die Aufladung* (oder Stimulation) *des Nervensystems* kennen. Sie steht neben der Empfindung und der Bewegung als eine dritte selbständige Leistung.

Das Beweisendste auf diesem Gebiete kennen wir von den niederen Tieren. Im Mittelmeere lebt an felsigen Gestaden ein scheuer Wurm (Hydroides uncinatus) (Abb. 9). Seinen

weichen Leib verbirgt er in einer Kalkröhre, und nur das
zarte befiederte Köpfchen schaut vorsichtig aus ihr heraus.
Sobald das Licht sich etwas verändert, sei es, daß es stärker
oder schwächer wird, zieht sich der Wurm blitzschnell in
seine sichere Burg zurück. Ich stelle nun ein solches Tier,
das normalerweise mit Sicherheit auf eine Vermehrung des
Lichtes um nur wenige Prozente anspricht, für ein Stündchen
in die Dunkelkammer und knipse dann ursplötzlich eine
starke Lampe an. Für die Lichtsinneszellen des Tierchens,
die sich an die Dunkelheit gewöhnt haben, muß der Reiz ein
übermäßiger sein, trotzdem zuckt der Wurm mit keiner

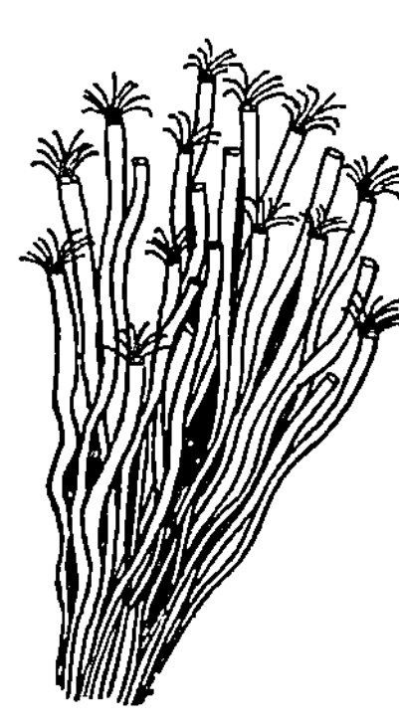

Abb. 9. Teil einer Ko-
lonie von Hydroides
uncinatus.

Faser. Er ist durch die Dunkelheit unfähig
geworden, selbst auf den stärksten Lichtreiz zu reagieren. Belichtet man den Wurm
wieder, so kehrt ganz allmählich Schritt
für Schritt die Empfindlichkeit wieder, um
erst nach geraumer Zeit ihre ursprüngliche Höhe wieder zu erlangen.

Ganz Ähnliches lehren uns die kleinen,
munteren Hydromedusen, die im Frühjahr
und Sommer in unseren nördlichen Meeren
sich tummeln (Abb. 20 A). Viele von ihnen,
die sogenannten Anthomedusen, haben vier
kleine meist rote Äuglein. Die Lichtreize,
die von ihnen aus dem Nervensystem zugeführt werden, bedingen nun offenbar die
gleichmäßigen rhythmischen Zusammenziehungen der Glocke.
In der Dunkelkammer erlischt nach wenigen Stunden jede
Bewegung, die Tierchen liegen matt am Boden und erholen
sich erst wieder nach längerer Belichtung.

Ein sehr hübsches Beispiel von dieser Leistungsart gewisser Sinnesorgane liefern uns auch die Fliegen. Die anderen Insekten: die Schmetterlinge, die Bienen, die Käfer, und
wie sie sonst alle heißen, haben vier Flügel. Die Fliegen dagegen sind stolz darauf, daß sie sich mit zwei Flügeln ebenso
gewandt und sicher im Ozean der Luft zurechtfinden. Statt
der Hinterflügel sind ihnen kleine winzige Schwingkölbchen
gewachsen, die ungefähr so aussehen wie die Keulen, mit

denen der Leichtathlet hantiert. Sie haben ein verbreitertes
Ende, mit dem sie am Körper befestigt sind, dann kommt ein
dünner Stiel, und den Schluß bildet ein Knöpfchen. Eine
andere, weniger bekannte Insektengruppe, die Strepsipteren,
haben die Vorderflügel zu solchen Schwingkölbchen umge-

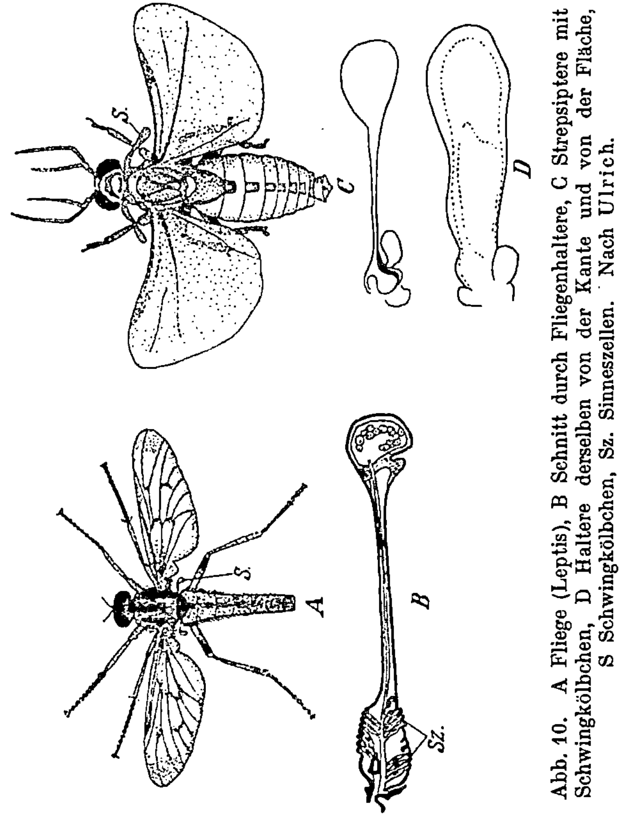

Abb. 10. A Fliege (Leptis), B Schnitt durch Fliegenhaltere, C Strepsiptere mit Schwingkölbchen, D Haltere derselben von der Kante und von der Fläche, S Schwingkölbchen, Sz. Sinneszellen. Nach Ulrich.

wandelt (Abb. 10). Wozu diese merkwürdigen Geräte dienen,
haben als erste französische Straßenjungen herausgebracht.
Als der alte Naturforscher Jousset de Bellesme eines Tages
durch ein Dorf des Weges kam, bemerkte er, daß einige
Jungen mit Fliegen herumspielten, die ungeschickt auf dem
Boden herumhüpften. Er fragte, was das zu bedeuten habe,

und erfuhr, man habe diesen Fliegen die Schwingkölbchen ausgerissen, und nun könnten sie nicht mehr fliegen. Nachdem diese Angelegenheit in so merkwürdiger Weise vor das Forum der Wissenschaft gelangt war, kam man zu einigen weiteren Kenntnissen. Es ist für die Fliege ebenso nachteilig, wenn man ihr die Schwingkölbchen mit einem Leimtropfen am Körper festklebt. Die Kölbchen müssen sich also bewegen können, und in der Tat tun sie dies in völlig gleichem Rhythmus wie die Flügel. Ein weiteres lehrte die Fleischfliege. Wenn man ihr alle sechs Beine abschneidet, kann sie, in die Höhe geworfen, noch sehr gut ans Fenster fliegen. Nimmt man ihr jetzt aber außerdem noch die Schwingkölbchen, so kann sie die Flügel überhaupt nicht mehr ordentlich bewegen. Man muß den Versuch genau in dieser Reihenfolge machen. Wenn man erst die Schwingkölbchen ausrupft und dem Tier dann die Beine abschneidet, dann sagt ein jeder: Kein Wunder, daß der Fliege nach dieser unmenschlichen Behandlung die Lust zum Fliegen vergeht. So aber sieht man, daß die Fliege, die eben eine ganz andere Organisation als der Mensch hat, den Verlust ihrer Beine mit Gleichmut trägt, und daß es nicht der sie überwältigende Schmerz ist, der sie am Gebrauch ihrer Flügel behindert.

Daß sie nach Verlust ihrer Beine und Schwingkölbchen nicht mehr zu fliegen vermag, hat einen ganz anderen Grund. Für gewöhnlich senden die zahlreichen Sinneszellen, die in den Beinen und in den Schwingkölbchen sitzen, fortdauernd Impulse zum Nervensystem und rütteln es auf. Fällt die eine oder die andere Hälfte dieser Erregungen fort, so ist dies noch nicht so sehr von Belang. Fallen sie aber beide zugleich aus, so verfällt das Nervensystem sehr bald in einen lethargischen Zustand, in dem es unfähig ist, energische Impulse zu den Muskeln zu schicken.

Empfindung, Reflexbewegung und Stimulation des Nervensystems sind also die drei verschiedenen Wirkungen, die der Sinnesreiz zu entfalten vermag. Voneinander völlig unabhängig laufen sie sehr oft nebeneinander her, ohne sich zu stören. Es sind drei sehr ungleiche Schwestern, denen wir hier begegnen. Jede ist in ihrer Art von höchster Bedeutung, aber die Krone müssen wir dennoch der Empfindung zuerkennen, welche die Grundlage unseres gesamten seelischen Lebens ist.

5. Die Sinnesorgane.

In den allermeisten Fällen haben wir es nicht mit einzelnen Sinneszellen zu tun, die hier und da in der Haut verteilt sind, sondern mit einer Vielheit von solchen, die zu einer höheren Einheit, einem Sinnesorgan, zusammengeschlossen sind. Sie sind eigentlich bei allen Tieren und in allen Sinnesgebieten nach demselben Schema gebaut: Um eine Ansammlung von Sinneszellen ist ein physikalischer Apparat herumkonstruiert, dessen Aufgabe es ist, die Leistung der Sinneszellen zu erhöhen. Daß es dabei zu ganz erstaunlicher Steigerung kommen kann, sehen wir, wenn wir unser Auge mit dem primitiven Lichtsinn eines Wurmes oder unser Ohr mit den „Hörhaaren" einer Raupe vergleichen.

Wie kommt aber diese Steigerung nun eigentlich zustande? Wir können hier dieses schwierige Problem natürlich nicht bis zu Ende durchführen, dazu wäre ein ganz dickes Buch erforderlich, aber wir können die großen Linien dieser Steigerung etwas hervorheben. Sehen wir uns zunächst das allereinfachste Auge an, das es gibt. Es besteht in einer tiefen Einsenkung der Haut, in deren Grunde die lichtempfindlichen Zellen dicht nebeneinander stehen (Abb. 11). Warum ist eine solche Anhäufung leistungsfähiger als eine entsprechende von Sinneszellen in der Haut selbst? Zunächst deswegen, weil die zarten Sinneszellen im Grunde des Augenbechers vor allen Beschädigungen viel besser geschützt sind. Das versenkte Hautstück, welches sie trägt, ist völlig der Aufgabe enthoben, den Körper zu bedecken und zu schützen, es kann sich ganz ausschließlich der Aufnahme der Sinneszellen widmen, die dementsprechend viel dichter beieinander stehen können, als es sonst der Fall wäre. Ein Lichtstrahl, welcher ein solches Auge trifft, kann daher viel mehr Sinneszellen erregen, als wenn er ein lichtempfindliches Hautstückchen träfe, wo nur hier und da eine Sinneszelle sitzt. Er hat daher eine viel stärkere Wirkung auf den Organismus, und wir können sagen, daß ein solches Sinnesorgan im wesentlichen als ein Verstärker anzusehen ist.

Viel wichtiger ist indessen die Tatsache, daß ein Sinnesorgan dem Tiere im allgemeinen erlaubt, bedeutend feinere Unterschiede zu machen, als es eine einfache Anhäufung von Sinneszellen erlauben würde. Nehmen wir an, daß je ein blaues, gelbes und rotes Licht ihre Strahlen auf irgendein tierisches Wesen werfen. Denken wir uns nun drei Lichtsinneszellen in der Haut nebeneinanderliegend, so wird jede

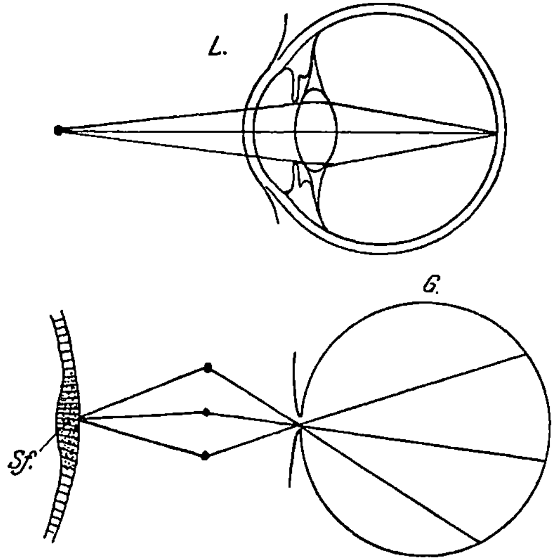

Abb. 11. Sf Lichtsinnesfleck, G Grubenauge und L Linsenauge. Schema.

von ihnen alle Lichtsorten zugleich empfangen, und in allen wird der Eindruck eines Mischlichtes entstehen (Abb. 11). Besitzt dasselbe Tier aber ein richtiges Auge, so werden die drei Lichter ihre Strahlen zu ganz verschiedenen Teilen der Netzhaut, d. h. der das Auge auskleidenden Lage von Lichtsinneszellen, schicken; die eine Netzhautstelle wird also den Sinneseindruck rot, die andere blau, die dritte gelb empfangen. Vorausgesetzt also, daß unser Tier Farben unterscheiden kann, so wird es im ersten Falle trotzdem gar keine Farbe wahrnehmen können, weil alles sich miteinander vermischt, während im zweiten durch die Konstruktion des Auges die

34

drei Farben fein säuberlich auseinandergelegt sind. Durch
die Sinnesorgane wird also die dem Tiere zugängliche Umwelt viel mannigfacher.

Über die Konstruktion des Auges der höheren Tiere ließe
sich hier noch sehr vieles sagen. Es zeigt dem Wurmauge
gegenüber als wichtigsten Fortschritt die Linse, die auch
weiter nichts ist als ein physikalisches Hilfsmittel zur Verbesserung des Sehvermögens. Das vorhin betrachtete linsen-
lose Auge kann ein scharfes Bild nur entwerfen, wenn seine
Öffnung ganz winzig klein ist. Das hat aber zur Folge, daß
das Bild nur sehr lichtschwach ist, weil die meisten Strahlen
gar nicht in das Auge hineingelangen. Die Linse erlaubt dem
Auge eine viel größere Öffnung, weil sie alle Strahlen, die sie
von einem Punkte empfängt, wieder zu einem Punkte der
Netzhaut zusammenfaßt. Das Linsenauge vermag also ein
viel helleres Bild zu entwerfen.

Es können sogar durch die von den Sinnesorganen ge-
schaffenen technischen Hilfseinrichtungen ganz neue Sinne
entstehen.

So gibt es wahrscheinlich gar keine eigentlichen Hörzellen.
Wenn wir aus der verborgenen Tiefe eines Ohres die feinen
Sinneszellen herausholen könnten, ohne sie zu beschädigen,
so würden wir vielleicht nachweisen können, daß sie auch
auf Berührung, auf Druck und andere mechanische Reizung
ansprächen. Im Apparate des Ohres dagegen reagiert jede
von ihnen nur auf Töne einer ganz bestimmten Höhe.
Warum? Auf Druck und Zug kann sie im Ohre deswegen
nicht ansprechen, weil sie, tief im Labyrinth des Schädels
verborgen, solchen Reizen niemals ausgesetzt ist. Daß sie
nur auf eine bestimmte Tonhöhe reagiert, liegt daran, daß
der Schall zuvörderst einer schwingenden Membran zugeleitet
wird, die aus ca. 20 000 nebeneinanderliegenden kleinen
Fäserchen besteht. (Vgl. S. 114.) Auf jeden Ton schwingt
nur die Faser mit, die sich mit ihm in Resonanz befindet.
Dieses Mitschwingen aber überträgt sich nur auf die Sinneszellen, die der betreffenden Faser aufgewachsen sind. So
sieht man, daß die Unterscheidbarkeit verschiedener Töne in
erster Linie auf der technischen Konstruktion des Ohres be-

ruht und nicht auf der spezifischen Wesenheit verschiedener „Hörzellen".

Im ganzen können wir also behaupten: Je höher ein Sinnesorgan sich entwickelt, desto mehr Einzelheiten der Umgebung gehen in die subjektive Umwelt des Tieres ein. Ja wir können noch sehr viel weitergehen und geradezu den Satz aufstellen, daß wir nur durch die Sinnesorgane imstande sind, etwas von der Welt zu erfahren, die uns umgibt. Die niederen Sinne, bei denen eigentliche Sinnesorgane noch nicht entwickelt sind, wie der Schmerzsinn, der Tastsinn oder der Wärmesinn, unterrichten uns in erster Linie über die Beschaffenheit unseres eigenen Körpers. Vom Schmerzsinn gilt dies ausschließlich. Wir erfahren durch ihn gar nichts von der Außenwelt, dagegen übt er eine fortwährende und strenge Kontrolle darüber aus, ob in der Peripherie unseres Körpers alles in Ordnung ist. Beim Wärmesinn ist dies ähnlich. Es ist uns eigentlich sehr wenig wichtig, ob die Gegenstände unserer Umgebung warm oder kalt sind, sehr dagegen, wie sie auf unseren Körper wirken. Wenn wir ins Wasser steigen, ist für uns doch die Hauptsache, daß es nicht für uns zu kalt oder zu heiß ist, das Wasser an sich ist uns eigentlich ziemlich gleichgültig.

Der Tastsinn steht den beiden vorgenannten Sinnen verhältnismäßig nahe. Für unseren Körper, den man sich hierzu freilich besser im Urzustande denken muß, ist es sehr nützlich zu wissen, ob das, was wir berühren, ob wir es nun besitzen, beliegen oder betreten, hart oder weich, glatt oder stachlig ist. Zu dieser Leistung ist der Tastsinn in erster Linie da, er soll uns, ähnlich wie der Schmerzsinn, vor Schädigungen bewahren. Es ist sekundärer Natur, daß wir den Tastsinn dazu abrichten können, uns etwas von der Außenwelt zu berichten, wie wir es mit unserer Hand vermögen.

Im Gegensatz zu diesen räumlich verteilten Sinnen dienen Auge, Ohr und Nase, also die typischen Sinnesorgane unseres Körpers, fast ausschließlich nur zur Enträtselung unserer Umgebung. Diese ihre Aufgabe ist so tief in unserem ganzen Empfinden verankert, daß wir von vornherein das Gesehene

und Gehörte als außerhalb unser selbst betrachten, obgleich
es sich doch bei Auge und Ohr genau so um Reizung von
Sinneszellen unseres eigenen Körpers handelt wie beim
Schmerzsinn, den wir ausschließlich auf diesen beziehen.

Durch diese engste Beziehung zur Umwelt sind unsere
Sinnesorgane zur Gestaltung unserer subjektiven Umwelt
berufen, welche die Grundlage unseres geistigen Lebens ist.
Es würde aber ganz falsch sein, wenn man die ganze Stufen-
reihe der geistigen
Entwicklung im Tier-
reiche nur als eine
Folge der Leistungs-
steigerung der Sin-
nesorgane ansehen
wollte. Gleich wichtig
wie sie ist der Bau und
die Leistungsfähig-
keit unseres Nerven-
systems, jenes merk-
würdigen Zentralor-
gans, welches die
Reize, die von den Sin-
nesendigungen kom-
men, aufnimmt und
verarbeitet. Ebenso
wie wir beim Licht-
sinn alle Übergänge
finden können zwi-

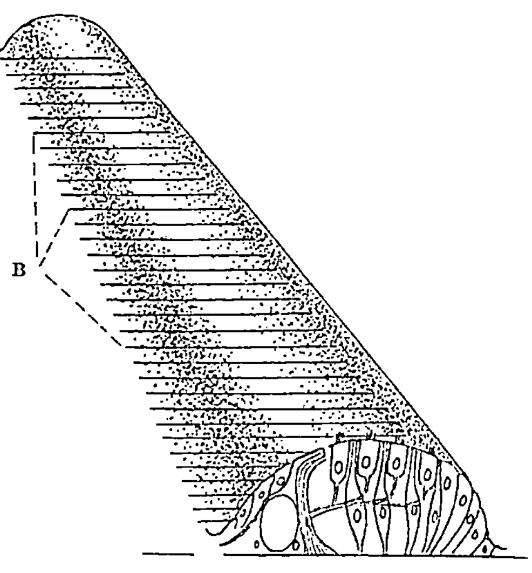

Abb. 12. Cortisches Organ mit Basilarfasern
B Körperlich dargestellt, stark schematisch.

schen der einfachen Ausbreitung der Sinneszellen in der Haut
und dem Wunderwerk unseres Auges, ebenso steigen wir vom
Tiefsten zum Höchsten empor, wenn wir das Nervensystem
eines Polypen mit dem unerforschlichen Sitze unserer Seele,
dem Gehirn des Menschen, vergleichen. Die Dinge liegen nun
aber merkwürdigerweise keineswegs so, daß die Entwicklung
der Sinnesorgane und des Nervensystems Hand in Hand
geht. Vielmehr gibt es hier ein ziemlich buntes Durcheinander. Den einen Tieren fehlt beides, andere haben bei hervor-
ragend ausgebildetem Sinnesapparat ein ganz stümperhaftes

Nervensystem, und wieder bei anderen ist das Verhältnis gerade umgekehrt. Erst bei den höchst entwickelten Tieren, den Insekten etwa und den Wirbeltieren, konstatieren wir eine Harmonie beider Systeme, die zu den höchsten Leistungen befähigt.

Nervennetz und Hautsinn. Es ist von hervorragendem Interesse, diese verschiedenen Typen miteinander zu vergleichen, und hierzu wollen wir uns zunächst einmal ein typisches niederes Tier, also etwa eine Seerose, ansehen (Abb. 13). Sie ist weniger lieblich, als es ihr schöner Name besagt, denn ihr gorgonenhaftes Haupt mit den unzähligen, sich windenden Tentakeln ist eine furchtbare Falle für alles sich nahende Getier.

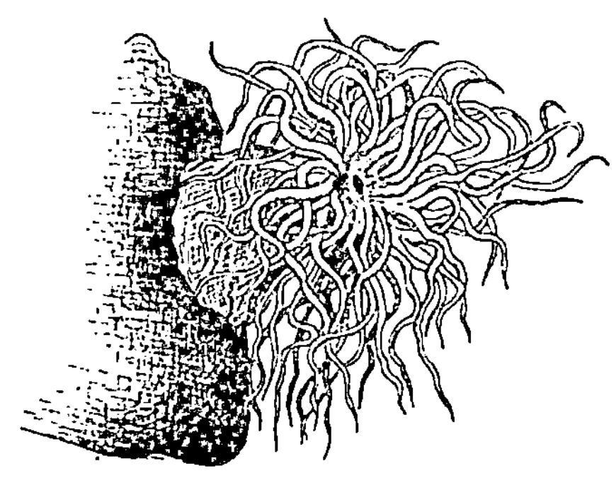

Abb. 13. Seerose (Anemone sulcata) an einem Felsen sitzend.

Die Seerose reagiert auf allerhand verschiedene Reize: Licht, chemische Reize, Schwerkraft, Berührung, aber Sinnesorgane hat sie nicht. Alle ihre Sinne verbreiten sich diffus über die Oberfläche der Tentakeln und des Körpers. Wir können somit aus dem, was wir soeben vom Menschen erfahren haben, den Schluß ziehen, daß sie von der Außenwelt praktisch gar nichts erfährt. Ihre Umwelt ist nicht größer als ihr eigener Leib. Darf man aber deswegen schon sagen, daß die Seerose durch ihre Sinne über den Reizzustand der einzelnen Körperteile auf dem laufenden gehalten wird? Beim Menschen und sicherlich auch bei den höheren Tieren geschieht dies mit Hilfe einer hochkomplizierten Organisation. Jeder, auch der kleinste Körperteil ist durch zahlreiche sensible Nerven mit bestimmten Hirnteilen verbunden, besitzt also im Wunderwerk unseres Gehirns seine eigenen „Repräsentanten". Es gibt also im Gehirn eine sehr vielköpfige Ratsversammlung solch edler Herren, von denen sich ein jeder nur um seine eigenen Klienten kümmert. Verbrennt sich der kleine Finger, so empfindet sein Repräsentant im Bereiche des Schmerzsinns für ihn den Schmerz, berührt der kleine Finger einen kalten Gegenstand, so ist es wiederum sein Repräsentant, diesmal des Kältesinns, der hiervon erfährt. Durch diese sehr weitgehende Lokalisierung der niederen Sinne ist es uns, wie ein jeder weiß, ohne jedwede Erfahrung möglich, sofort anzugeben, wo wir einen Schmerz, einen Druck, einen Kitzel oder ein Wärmegefühl empfinden, und es bedarf gar keiner Betonung, wie wichtig diese Leistung der niederen Sinne ist, denn es ist fast unmöglich ohne sie unser Leben sich vorzustellen. Kann die Seerose irgend etwas Ähnliches? Nein! — Sie hat ja gar kein Gehirn in unserem Sinne, kein Nervenzentrum, zu dem aus allen Teilen des Körpers die Nerven zusammenlaufen. Sie hat nur eine Anzahl von Nerven-Netzen, die, kreuz und quer den Körper durchziehend, für die nervöse Verbindung der einzelnen Körper-

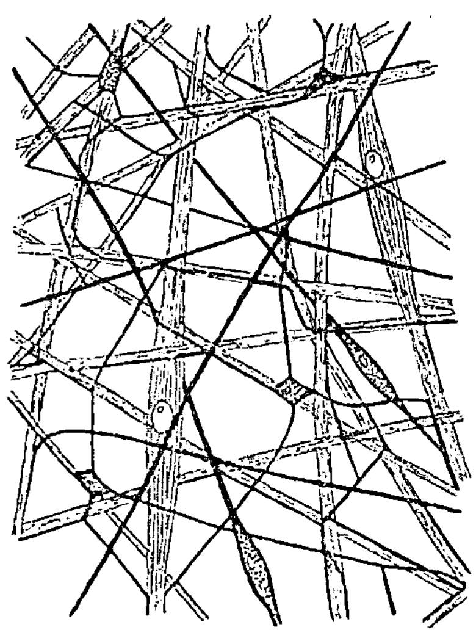

Abb. 14. Teil des Nervennetzes einer Qualle. Nach Botzler.

teile sorgen (Abb. 14). Es fehlen folglich in ihrem Organismus die „Repräsentanten" der einzelnen Körperteile, und daher hat nicht einmal die Frage einen Sinn, ob die Seerose es merkt, wenn ich die Spitze eines ihrer Tentakel zwicke. Mit dieser Negation sind wir aber anscheinend am Ende unseres Lateins angelangt, denn es ergibt sich, daß wir die Seerose weder im einen noch im anderen Sinne mit uns vergleichen können. Sie erfährt durch ihre Sinne weder etwas von den Dingen der Außenwelt noch von ihrem eigenen Körper, und folglich scheint es, daß ihre Sinne zu gar nichts nütze sind. Wir erinnern uns aber, daß wir in unserer

Pupille ein reizempfindliches Organ haben, das etwas abseits steht. Man empfindet sie nicht, und wenn es keinen Spiegel gäbe, so würde man von sich selbst gar nicht wissen, daß man eine Pupille bzw. eine Iris hat. Aber sie reagiert mit erstaunlicher Schärfe auf jede Lichtveränderung und zeigt uns so am eigenen Körper das typische Beispiel eines sogenannten Reflexes.

Die Seerose ist nun wahrscheinlich ein Tier, bei dem alle einzelnen Organe, die ihren Körper zusammensetzen, so wie unsere Pupille reagiert. Sie ist gleichsam ein Reflexbündel. Bei der Seerose spielen zwei getrennte Momente zusammen, um den außerordentlich niederen Stand ihres Sinneslebens hervorzurufen. Die völlig diffuse Ausbreitung der Sinneszellen und das Fehlen eines zentralen Nervensystems. Nun kennen wir aber andere Tiere aus der gleichen Klasse, die sehr schön entwickelte und komplizierte Sinnesorgane besitzen. Wir können also hier die wichtige Frage einschieben, wie sich die Existenz eines solchen Organs auswirkt beei einem Tier ohne zentrales Nervensystem.

Nervennetz und Sinnesorgan. In den wärmeren Meeren der Erde tummeln sich unter vielen anderen ihrer Sippe auch die seltsamen Cubomedusen. Sie sind berüchtigt wegen des brennenden Nesselschmerzes, den ihre Berührung verursacht, den Forscher interessieren sie jedoch hauptsächlich wegen ihrer wunderschönen Augen. Sie sitzen an den sogenannten Randkörpern, gestielten Organen, die in kleinen Grübchen versteckt am Glockenrande in Vierzahl sitzen (Abb. 15). Jeder Randkörper enthält mehrere Augen, und wenn man ein solches der Länge nach durchschneidet, so sieht man zu seiner Verwunderung, daß es gar nicht sehr anders aussieht als das Auge eines kleinen Wirbeltieres. Man erkennt vor allem eine große kuglige Linse, einen Glaskörper und im Hintergrunde eine wohlentwickelte Netzhaut. Was macht nun die Meduse in der Tiefe des Meeres mit solchen Augen? Zu sehen gibt es dort unten überhaupt nicht allzuviel. Es ist in fünfzig Meter unter dem Wasserspiegel schon recht trübselig dunkel, und außerdem wäre auch bei gutem Licht höchstens das Bild eines silbern

glitzernden Fisches zu erhaschen oder eines jener seltsamen
durchsichtigen Glastiere, die das küstenferne Wasser be-
völkern. Aber auch wenn es noch soviel zu sehen gäbe, würde
es der Meduse gar nichts nützen, denn sie hat kein Gehirn.
Auch bei ihr besteht das ganze Nervensystem aus einem
Geflecht von Nervenzellen ohne jede höhere Differenzierung.

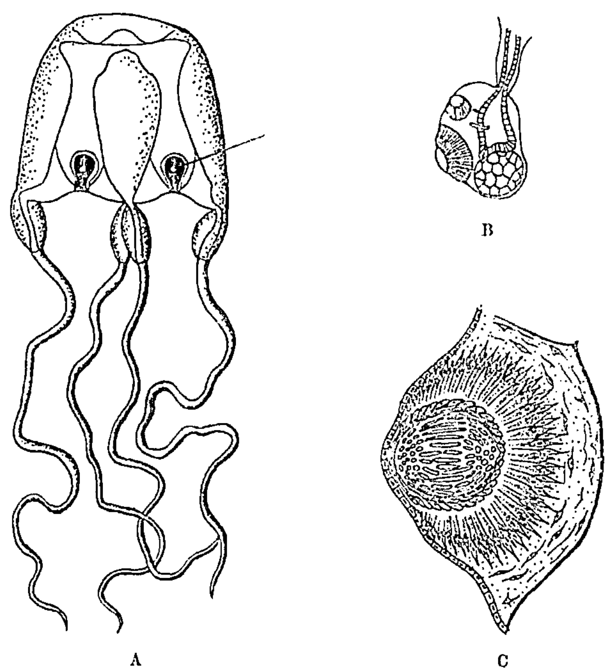

Abb. 15. Würfelqualle Charybdaea marsupialis. A Tier total, B Randkörper mit Augen und Statocyste, C Schnitt durch ein Auge bei stärkerer
Vergrößerung.

Wir können also sagen, es ist wohl ein photographischer
Apparat da, aber niemand, der imstande wäre, das Bild auf
der Mattscheibe anzusehen und zu begreifen. Die Umwelt
der Meduse ist also nicht viel weiter entwickelt als das der
Seerose.

Wir können hieraus entnehmen, daß trotz aller äußer-
lichen Ähnlichkeit des Baus doch ein himmelweiter Unter-

schied besteht zwischen dem Medusen- und dem Menschen-
auge, ein Unterschied, der sich aber viel weniger auf den
physikalischen Apparate bezieht, der den äußeren Reiz aufnimmt, als auf die nervösen Teile, die den Reiz weiterver-
arbeiten. Wozu gebraucht nun aber die Cubomeduse ihre wunderschönen Augen? Nun, wir haben gesehen, daß die primi-
tivste Aufgabe eines Sinnesorgans darin besteht, die Wirkung
des Reizes zu verstärken, und für diese Leistung haben wir
gerade hier ein Musterbeispiel. Nicht nur die tiefe Einsenkung der Netzhaut und die dichte Gruppierung der in ihr
vereinigten Sehzellen führt hierzu, auch die Linse wirkt als
ein das Licht auffangender und sammelnder Apparat, wie wir
dies ja von der Kamera wissen, und so kommt es, daß der
Augenhintergrund bedeutend mehr erhellt wird, als wenn nur
ein Fleck mit Sinneszellen in der Haut vorhanden wäre. Wir
haben also einen typischen Verstärker vor uns. Mehr leistet
dies Auge nicht.

Zentralnervensystem und Hautsinn. Haben wir in der Seerose ein Tier ohne Sinnesorgane und ohne zentralisiertes
Nervensystem kennengelernt und in der Cubomeduse eines,
das bei gleicher nervöser Beschaffenheit hochkomplizierte
Sehorgane besitzt, so werden wir jetzt im Regenwurm einem
dritten Typus begegnen.

In seiner übrigen Organisation steht er einige ganze Stockwerke höher als die Meduse, aber sein äußerer Sinnesapparat
verrät nichts hiervon. Kein einziges Sinnesorgan ist da, der
Lichtsinn, der chemische Sinn, der Tastsinn, sie alle sind
über die ganze Oberfläche verstreut, genau wie es bei der
Seerose der Fall war. Aber es gibt einen fundamentalen
Unterschied zwischen beiden Tieren, denn der Regenwurm
hat ein ganz richtiges Zentralnervensystem. Wer ihn achtlos
zertritt, der vernichtet damit ein kunstvoll verwobenes Ge-
füge, das zu enträtseln und in seinen letzten Wirkungen zu
enthüllen keinem Weisen dieser Welt wohl jemals ganz ge-
lingen wird (Abb. 16). Wir können uns also in diesem Falle
die Frage vorlegen, was bei einem Zusammenwirken eines
ganz primitiven Sinnesapparats und eines ziemlich hochstehenden Nervensystems herauskommt. Ohne viele Worte

kann nun zunächst gesagt werden, daß der Regenwurm so
wenig wie die Seerose etwas von der Außenwelt erfährt; auch
seine Sinneswahrnehmungen beziehen sich auf die Beschaffenheit seiner Körperoberfläche, und seine Umwelt reicht
nicht weiter als er selbst. Da er aber ein zentralisiertes Nervensystem hat, kann er mit diesen Wahrnehmungen viel mehr
anfangen, als dies der Seerose möglich war. Äußerlich
kommt dies darin zum Ausdruck, daß er bei Berührungen
sehr verschieden anspricht, je nachdem, welche Körperstelle
vom Reize getroffen wird. Reize ich ihn hinten, indem ich
seinen Schwanz beklopfe oder mit einer Nadel ein wenig

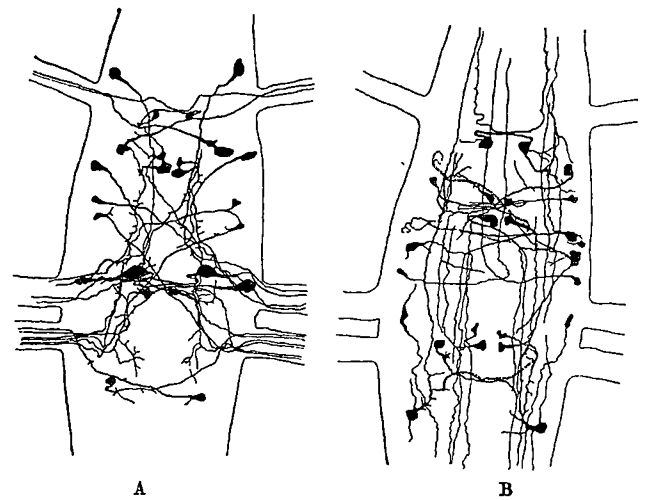

Abb. 16.   Teilweise Darstellung des Nervensystems eines Segments des
Regenwurmes. Nach Krawany. Das Ganze ist ein Nervenknoten mit drei
abgehenden Nervenpaaren. A Wichtigste motorische Nervenzellen, B Bin-
nen- oder Schaltzellen.

steche, so erfolgt eine beschleunigte Vorbewegung. Tue ich
das gleiche in der Kopfregion, so kriecht der Wurm schleunigst rückwärts. Das Zentralnervensystem „weiß“ also, wo
gereizt wird. Ähnlich wie bei uns selbst hat also schon beim
Regenwurm jede Körperstelle ihre Repräsentanten im Nervensystem und erst durch sie wird der Wurm eine in sich
geschlossene „Persönlichkeit“, wenngleich wir an dieses Wort

naturgemäß nicht die hohen Ansprüche stellen können, die wir von den Philosophen gewohnt sind.

Zentralnervensystem und Sinnesorgan. Wir haben jetzt nur noch den letzten und höchsten Typus zu besprechen, der sich durch gleichzeitiges Vorhandensein ausgeprägter Sinnesorgane und eines echten Nervensystems auszeichnet. Wir begegnen ihm schon bei manchen Meereswürmern, außerdem bei allen höher entwickelten Formen, also Schnecken, Krebsen, Insekten, Wirbeltieren usw. und müssen uns nun überlegen, worin sich ein solches Tier vor der Meduse hervortut. Der ganz gewaltige Unterschied in der Leistungsfähigkeit der Sinnesorgane hier und dort ist dadurch bedingt, daß jetzt auch das Sinnesorgan Repräsentanten im Gehirn besitzt. Es kommt dies schon äußerlich sehr oft dadurch zum Ausdruck, daß der betreffende Gehirnteil dicht an das Sinnesorgan herangeschoben wird, wie wir dies häufig bei den Augen sehen (Abb. 17). Ein solcher Sinnesapparat besteht also stets aus zwei äußerlich zwar sehr ungleichartigen, innerlich jedoch gleichwichtigen Teilen: dem *Empfangsapparat*, der die von außen kommenden Reize aufnimmt, und dem im Nervensystem gelegenen *Wertungsapparat*, der diese Erregungen in geeigneter Weise zu Empfindungen oder Bewegungen umformt. Beide Teile zusammen bilden ein unteilbares Ganzes. Ihr inniges Zusammenarbeiten äußert sich darin, daß es jetzt nicht mehr gleichgültig ist, welcher Teil der Netzhaut — um beim Auge zu bleiben — gereizt wird. Die Repräsentanten erlauben es, die vielfältigen Reizkombinationen auszuwerten, die durch die mehr oder weniger deutliche Abbildung der Außenwelt auf der Netzhaut zustande kommt, und so sehen wir die allerverschiedensten Handlungen oder Empfindungen von diesem Sinnesapparat ausgehen, die wir in einem späteren Kapitel genauer kennenlernen werden.

Interessant ist es zu sehen, daß bei gleichartiger Ausbildung des physikalischen Empfangsapparates die Leistung dennoch ganz verschieden sein kann je nach der Beschaffenheit des Wertungsapparats. So gibt es unzählige Tiere, die mehr oder weniger gleichaussehende Blasenaugen haben,

44

Aber die Leistung ist einmal so, das andere Mal anders. Dem
einen Tier dient das Auge zur Wahrnehmung des heran-

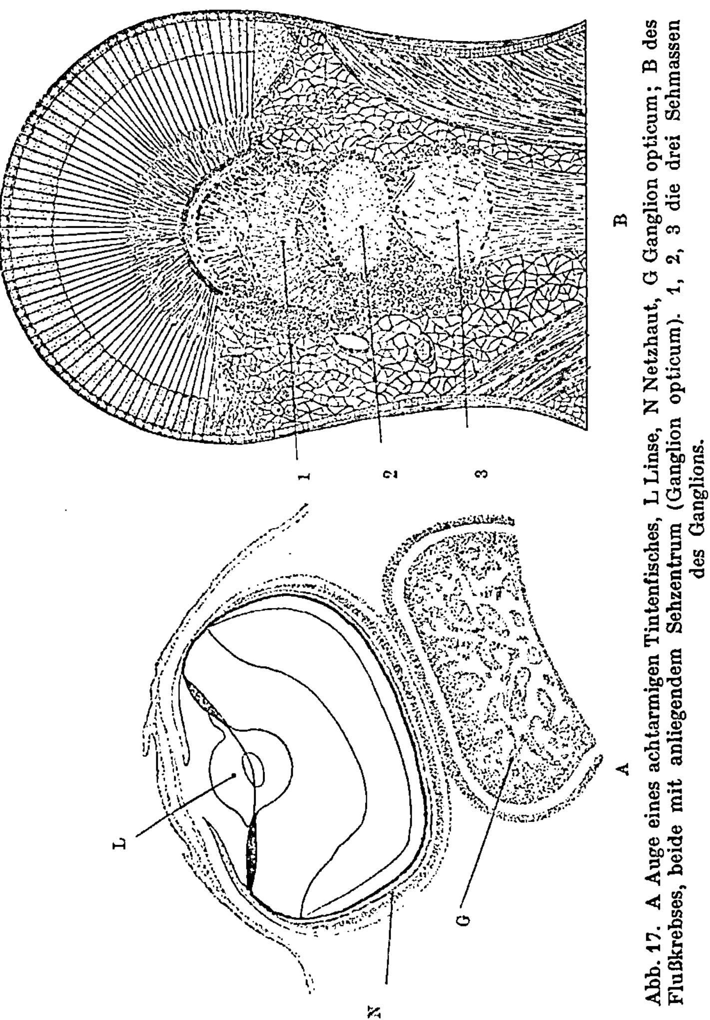

Abb. 17. A Auge eines achtarmigen Tintenfisches, L Linse, N Netzhaut, G Ganglion opticum; B des Flußkrebses, beide mit anliegendem Sehzentrum (Ganglion opticum). 1, 2, 3 die drei Sehmassen des Ganglions.

schleichenden Feindes, dem zweiten zur Erkennung der
Strahlenrichtung des Lichts usw.

Sehr drastisch ist auch die Abhängigkeit der Leistung eines

Sinnes vom Wertungsapparat im Gehirn bei den Wirbeltieren, die ja vor allen anderen durch die ungewöhnlich hohe Ausbildung ihrer Sinnesorgane sich auszeichnen. Sie sind schon bei den niedersten erstaunlich hoch entwickelt. Ein mittelgroßer Knochenfisch, etwa ein Dorsch, hat bereits Augen, die ihrer Größe nach sich sehr wohl mit den unserigen vergleichen lassen und auch in ihrem Innenbau zeigen sie eine sehr beachtliche Entwicklungshöhe. So besitzt der Karpfen im Zentrum seiner Netzhaut rund 500000 Sehelemente pro qmm, während für das menschliche Auge nur 150000 angegeben werden. Der Fisch müßte also ähnlich so viel sehen wie wir. Jede Erfahrung lehrt dagegen, daß er ein recht dummes Geschöpf ist, und daß er es nur in sehr mangelhafter Weise versteht, von seinen schönen Augen einen vernünftigen Gebrauch zu machen. Er schnappt nach dem, was er sieht, wenn es von einer gewissen Größe ist; wenn es größer ist als er selbst, dann nimmt er wohl auch Reißaus, er erkennt sein Weibchen und seinen Nebenbuhler, mit dem er sich in einen Raufhandel einlassen will, aber damit dürften seine natürlichen Leistungen so ziemlich erschöpft sein. Im Dressurversuch kann man freilich den Fisch zu allen möglichen Kunststücken abrichten. Er lernt verschiedene Buchstaben voneinander zu unterscheiden, kommt also angeschwommen, um sein Futter zu holen, wenn er ein L sieht, dagegen nicht, wenn man ihm ein R zeigt. Aber zu diesen Leistungen muß ihm eben der Mensch seine hilfreiche Hand leihen. Wenn man nun begreifen will, wie es kommt, daß der Fisch so viel weniger „sieht" als wir, dann braucht man nur das Gehirn eines Fischriesen mit dem eines Menschen oder eines hochstehenden Säugetiers zu vergleichen. Man erschrickt geradezu, wenn man zum ersten Male das winzige, nur wenige Kubikzentimeter umfassende Gehirn eines 10 Zentner schweren Fisches neben dem eines Säugetiers sieht (Abb. 18). Es steckt aber hinter dem Zusammenspiel zwischen Hirn und Sinnesorgan noch ein sehr tiefer Sinn. Ebenso wie die subjektive Umwelt des Tieres, die sich ihm durch seine Sinnesorgane bestenfalls erschließen könnte, ärmer ist als seine reale Umgebung, ebenso ist seine

Innenwelt, die sich darstellt als die Gesamtheit der Auswir-
kungen der Sinneseindrücke im Gehirn, ärmer als jene.
Wahrscheinlich ist kein Tier in der Lage, die Anregungen,
die es durch seine Sinnesorgane empfängt, ganz auszuschöp-
fen. Die Sinnesorgane geben dem Tiere also sehr oft Möglichkeiten, die noch nicht ausgekostet sind, weil die Wertung
im Hirn meist hierzu nicht ausreicht. Das Gehirn hat nämlich nicht nur die Fähigkeit, Reize aufzunehmen und zu
verarbeiten, es kann auch die Annahme von Reizen verwei-
gern. Wir machen von diesem unserem Rechte tagtäglich
den allerweitesten Gebrauch und unsere vierbeinigen oder mit

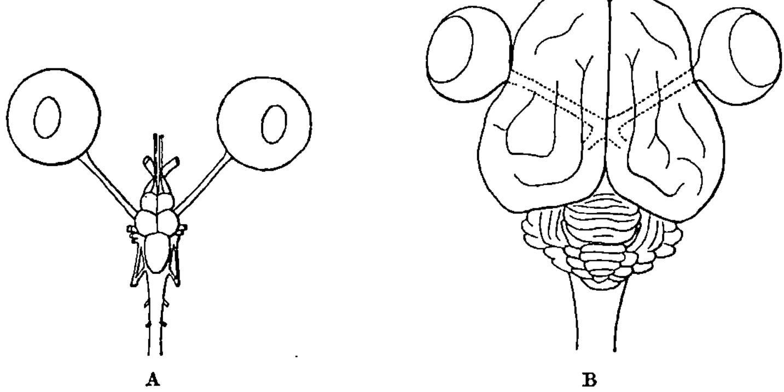

A   B

Abb. 18. Auge und Gehirn A eines Dorschs und B einer Katze, in gleichem
Verhältnis verkleinert. Original.

Flossen versehenen Verwandten tun es noch viel mehr. Den
ganzen Tag stürmt eine überwältigende Menge der verschiedensten Reize auf uns ein. Wenn wir nur eine halbe Stunde
durch die Straßen einer Stadt schlendern, was sehen wir da
alles! Tausende von neuen Gesichtern, Häuser der verschiedensten Baustile, Inschriften jeder Sorte, Plakate und so fort.
Jeder einzelne Laden, an welchem wir vorbeikommen, enthält
mehr Dinge, als selbst ein Gedächtnisakrobat in sich aufnehmen könnte! Wäre unser armes Hirn gezwungen, alle
diese Dinge zu verarbeiten, so wären wir trotz der Millionen
und Abermillionen von Gehirnzellen sehr bald am Ende unserer Auffassungskraft angelangt. Wir treiben daher eine sehr

weise Ökonomie, wenn wir uns nur das tausendste von all
dem merken, was unseren Sinnesorganen sich darbietet. Diese
Verschiedenheit der Leistungsfähigkeit der beiden Bestandteile, die unseren Sinnesapparat zusammensetzen, ist natürlich bei den Tieren noch sehr viel größer. Das meiste, was
sie mit ihren Sinnen wahrnehmen, prallt an der undurch-
dringlichen Mauer ihres geistigen Unvermögens ab. Denken
wir noch einmal an den Riesenfisch mit seinen schönen
großen Augen und seinem dummen kleinen Gehirn! Das
eigentümliche Voraneilen der Entwicklung der Sinne vor der-
jenigen des Gehirns ist aber zugleich die letzte Ursache dafür,
daß es im Tierreich eine steigende geistige Entwicklung gibt.
Das Hirn braucht nämlich nur zuzunehmen und seine Leistung den Ansprüchen der Sinnesorgane ein wenig anzuglei-
chen, dann wächst zur selben Zeit auch die Umwelt und dem
Tiere stehen, wenn die Umstände günstig sind, die Wege
offen zum Aufstieg aus der Finsternis des Unverstandes in
die lichteren Höhen einer vollkommenen Organisation! Was
wir hier uns überdachten, ist keine blasse, am Schreibtisch
ersonnene Theorie. Blättern wir im ehrwürdigen Buche der
Erdgeschichte, das die Erde mit ihrem eigenen Leibe uns
schrieb, so sehen wir, daß die Tiere früherer Zeiten unstreitig dümmer waren als sie es heute sind. Die alten Saurier
der Jurazeit hatten ein viel kleineres Gehirn als ihre heutigen
Verwandten und nicht anders verhalten sich die Säugetiere
der Vorzeit zu den jetzt lebenden. Es geht also vorwärts in
der Welt unzweifelhaft und allem Pessimismus zum Trotz!
Nur der Mensch, der sinnend dies betrachtet, denkt mit
Schrecken daran, wie groß wohl die Köpfe unserer Nach-
fahren in der nächsten geologischen Periode sein werden.

6. Der Sitz der Sinne.

Uns Menschen, die wir gewohnt sind, uns selbst als das
Maß aller Dinge zu betrachten, erscheint es als eine Selbst-
verständlichkeit, daß auch bei allem Getier die wichtigsten
Sinnesorgane wie bei uns im Kopfe sich befinden. Mit dem
Kopf sehen, hören, riechen und schmecken wir, und nur die
sogenannten niederen Sinne, die es überhaupt nicht zur Aus-

bildung wirklicher Sinnesorgane gebracht haben, verteilen
sich auch über andere Stellen unseres Körpers. In Wirklichkeit liegen die Dinge bei den Tieren oft sehr anders. Die
Sinnesorgane, die dazu berufen sind, das Tier über seine
Umwelt zu unterrichten, liegen stets dort, wo sie am besten
die Reize empfangen können, und dies kann je nach dem
Bauplan des Tieres recht verschieden sein. Eine bevorzugte

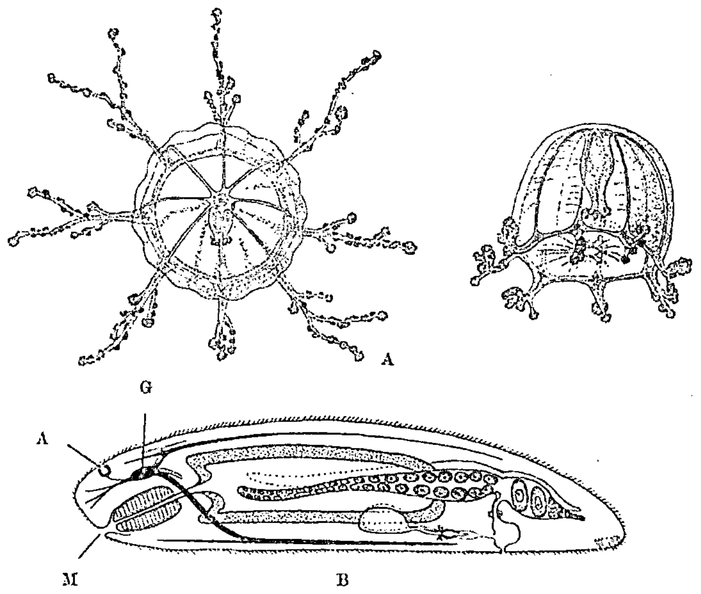

Abb. 19. A radiärsymmetrische Meduse (Eleutheria radiata), B bilateral-
symmetrischer Wurm. Nach Reisinger, etwas verändert. A Auge, G Gehirn, M Mund.

Sonderstellung kommt dem Kopf allerdings bei den meisten
Tieren zu, aber ein Monopol besitzt er nicht.

Was ist denn überhaupt ein Kopf? Die allereinfachsten
vielzelligen Tiere, die wir kennen, die Schwämme und Nessel-
tiere, haben nichts dergleichen (Abb. 19). Sie sind strahlig
gebaut wie eine Blume, und es gibt für sie weder ein Vorn
noch ein Hinten, weder Rechts noch Links. Es hängt dieser
Bau nach der Ansicht der Fachgelehrten wohl damit zusammen, daß sie, wie die Blumen festsitzend, ortsgebunden ihr

Leben verbringen oder frei im Meere sich tummeln (Abb. 19).
Aber die aus ihnen vor Urzeiten sich entwickelnden Tiere
lernten es, herumzukriechen, und unter der Einwirkung dieser
neuen Lebensweise gaben sie den strahligen Bau auf. Ihr
Körper zerfiel jetzt in eine rechte und in eine linke Hälfte,
und sie mußten sich gewöhnen, in einer bestimmten, ein für
allemal festgelegten Richtung vorwärts zu kriechen. Der
Vorderpol, der hierbei entstand, war nun selbstverständlich
derjenige Körperteil, der als erster und vorzugsweise mit den
Reizen der Umwelt in Beziehung trat, und so entstanden vor
allem hier Augen, Geruchs- und Tastsinnesorgane. Endlich
gelangte auch der Mund an diesen Pol, und damit war der
Kopf, wie wir ihn gewohnt sind, fix und fertig. Es ist also
schon eine gute Regel, daß die wichtigsten Sinnesorgane am
Kopfe sitzen, aber sie ist von recht vielen Ausnahmen durch-
löchert, die wir uns jetzt ein wenig im einzelnen ansehen
wollen.

Die Muscheln haben ihren Kopf, den sie unleugbar früher
besessen haben, wieder verloren. Sie hielten ihn eingezwängt
zwischen ihren beiden Schalen, so daß unmöglich irgendein
Reiz der Außenwelt zu ihm gelangen konnte. Alle Sinnesorgane sind daher hier verschwunden, und nur der Mund
und das kleine Gehirn zeigen die Stelle an, wo es vordem
einen Kopf gab. Die wichtigsten Sinnesorgane, die Augen, die
Riechtentakel u. a., haben sich an den sogenannten Mantelrand verlagert, d. h. an den äußersten Teil der Hautfalte,
deren Aufgabe es ist, die Schale zu bilden. Hier sind sie mit
der Umwelt in nächster Berührung (Abb. 25).

Augen können auch bei anderen Tieren an allen möglichen
Stellen sitzen. Die Käferschnecken und die sogenannten On-
cidien, träge, lichtscheue Tiere, die im Meere unter Steinen
sich finden, tragen ihre Augen in Mehrzahl auf dem Rücken
verteilt. Wenn der breite Rücken vom Lichte getroffen wird,
ist dies für das Tier ein Alarmsignal, daß es sich schleunigst
unter einen Stein verkriechen möge. Die scheuen Röhren-
würmer dagegen, die sich bei jeder Störung blitzschnell in
ihr Gehäuse zurückziehen, sind oft an der äußersten Spitze
ihrer Fühlfäden oder Tentakel mit kleinen Äuglein versehen,

die wie der Wächter auf hohem Turm Ausschau halten. Es
gibt aber in ihrer Verwandtschaft auch einen kleinen Wurm,
der sogar am äußersten Hinterende zwei Augen besitzt. Auch
er lebt für gewöhnlich in einer Röhre, aus der nur das Vorderende herausschaut. Aber er ist nicht der Sklave dieser
Wohnung, sondern kann sie ohne Kündigungsfrist zu jeder
Zeit verlassen. Begibt er sich nun auf die Wanderschaft,
um ein besseres Domizil zu finden, so hindern ihn die langen,
wie ein Regenschirm zusammengefalteten Tentakel am Voran-
kriechen mit dem Kopf. Es ist daher bei diesen Würmern
Sitte geworden, daß sie sich, mit dem Schwanze vorankrie-
chend, bewegen, und
hierbei sind ihnen die
beiden   Schwanzaugen
vortreffliche Führer.

Es gibt stets einen
Heiterkeitserfolg, wenn
man in einem Kreise
von Laien erzählt, daß
die Heuschrecken und Grillen
ihre Gehörorgane am Bauch oder
gar an den Beinen tragen. Im
Grund genommen ist es natürlich vollkommen gleichgültig, wo
der Empfangsapparat sitzt, denn
die Hörempfindung entsteht auf
jeden Fall erst im Gehirn. Der

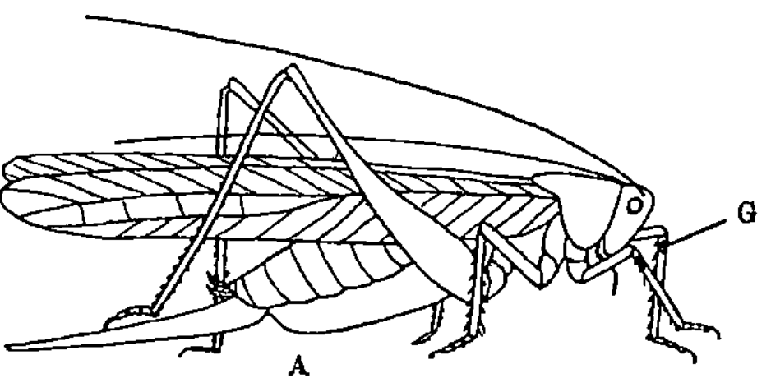
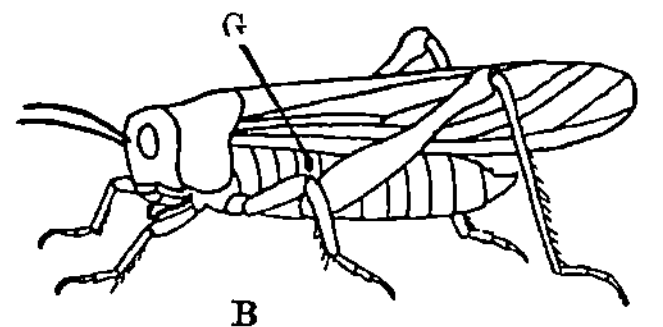

Abb. 20. A. Laubheuschrecke und
B. Heupferd. G. Gehörorgan.

Grund, daß bei den Insekten die Hörorgane eine so merkwürdige
Stelle einnehmen, ist ein doppelter. Zunächst läßt sich nachweisen, daß die Gehörorgane der Insekten aus anderen Sinneszellen hervorgegangen sind, die sich überall im Rumpf
und in den Gliedern, nicht aber am Kopfe finden (Abb. 38).
Ferner fehlt an dem meist sehr kleinen Kopf der Insekten
der Platz zum Ausspannen des Trommelfells. Es herrscht
also auch hier eine strenge Logik, und es ist keineswegs ein
Zufall, daß die Gehörorgane gerade dort sitzen, wo wir
sie finden.

Wir wollen uns jetzt den chemischen Sinn etwas ansehen.

Die vielfache biologische Bedeutung gerade dieses Sinnes werden wir an einer anderen Stelle ausführlich erörtern (S. 121). Hier sei nur erwähnt, daß wir eine Fernwitterung unterscheiden können, mit deren Hilfe das Tier seine Beute, seine tierischen Feinde und seine Artgenossen erkennt, und eine Nahwitterung zur Prüfung der Nahrung. Bleiben wir bei der ersten. Sie hat bei uns ihren Sitz in der Nase, deren Ventilation aufs engste mit der Atmung verknüpft ist. Wenn wir einatmen, strömt die von außen aufgenommene Luft an den Schleimhautfalten unserer Nase vorbei. Diese Koppelung zwischen Atmen und Riechen gibt es nun auch bei anderen Tieren, und mit der Lage der Atmungsorgane wechselt auch das Riechorgan die seine. Sehr deutlich ist dies bei den Kiemenschnecken. Durch ein langes, schlauchartiges Organ, das frei ins Wasser vorragt, strudeln sie sich das Atemwasser zu, das über ihre Kiemen in der Atemhöhle hinstreicht (Abb. 21). Bevor es zu den Kiemen gelangt, wird es aber dem eigentümlichen Geruchsorgan, dem Osphradium, zugeleitet, das daher, weit vom Kopfe entfernt, im Atemraume sich findet. Ähnliches gilt auch für die Krebse. Ihr wichtigstes Riechorgan sind die sogenannten

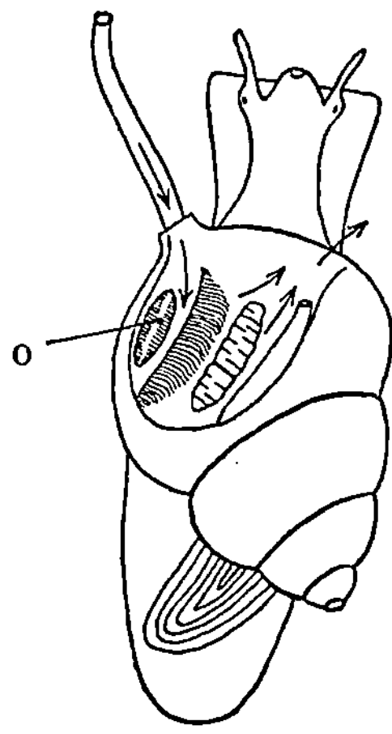

Abb. 21. Kiemenschnecke mit Geruchorgan (Osphradium) (O) in der Mantelhöhle.

ersten Antennen, meist sehr kleine, ganz vorn am Kopfe stehende, mit vielen Riechhaaren versehene Gebilde, in ihrer exponierten Lage vortrefflich ihrem Berufe angepaßt. Wenn man aber einem Taschenkrebs diese Antennen abschneidet, hat er sein Witterungsvermögen damit keineswegs verloren. Das Atemwasser streicht bei diesen Tieren von hinten nach vorn. Wenn man hinter einen Taschenkrebs ein Stückchen Fleisch legt, dann kann man gelegentlich beobachten, daß er, ohne sich umzuwenden, die Scheren zwischen den Beinen nach hinten durchsteckt und das Fleischstückchen ergreift. Diese älteren und einige neuere Versuche haben manchem

Forscher schon die Frage nahegelegt, ob sich nicht auch in der Atemhöhle der Krebse Chemorezeptoren, d. h. Aufnahmeorgane für chemische Reize, finden, und tatsächlich sind neuerdings derartige Gebilde in großer Zahl beim Flußkrebs gefunden worden. Die Verlagerung der für die Fernwitterung bestimmten Sinneszellen ist also auch hier von vollendeter Zweckmäßigkeit.

Der chemische Nahsinn, den wir gemeinhin als Geschmackssinn bezeichnen, sitzt bei den meisten Tieren, wie bei uns, in der Mundhöhle oder in ihrer nächsten Umgebung. Aber auch hier gibt es gewichtige Ausnahmen.

So hat ein amerikanischer Forscher in sehr sorgfältigen Untersuchungen festgestellt, daß manche Tagfalter und Fliegen an den Flächen ihrer Füße, besonders der Vorderfüße, ganz außerordentlich empfindlich für Geschmacksstoffe sind. Natürlich ist dies keine Kuriosität, keine Marotte der Natur, sondern eine Eigenschaft, die in den ganzen Bauplan des Tieres mit vollendeter Zweckmäßigkeit hineinpaßt. Zunächst liegt hier ein Problem der Körpergröße vor. Für Fliegen und Schmetterlinge, die sich oft von überreifen, vom Baume gefallenen Früchten ernähren, ist die Nahrung oft so groß, daß sie bequem darauf herumlaufen können.

Die Anlockung des Falters durch die Frucht geschieht zunächst durch den Geruch. Zuallererst mag es der Zufal lbedingen, daß der unstet umherfliegende Falter überhaupt in die Nähe des Birnbaumes gerät. Wittert er den Duft der Früchte, der ja auch für uns schon aus größerer Entfernung wahrnehmbar ist, so umfliegt er in enger werdenden Spiralen den Baum und setzt sich endlich in der Nähe einer zerplatzten Birne nieder. Dann schreitet er geradeswegs auf sie zu, und wenn er nun eine Stelle betritt, auf der der süße Brei sich ausbreitet, tritt auf den Geschmacksreiz der Fußflächen hin ganz reflektorisch ein Ausstrecken des vorher aufgerollten Rüssels ein.

7. Lust und Unlust.

Alles, was wir sehen oder hören, löst in unserer Seele eine Empfindung aus, es gilt dies von einem frisch gepflückten

Blumenstrauß in all seiner Farbenpracht ebenso wie vom
trübseligen Grau eines Herbsttages, von den Klängen einer
Beethovenschen Symphonie wie vom Geschrei mitternächtlicher
Katzen. Empfindung ist hier wie dort, aber ihre Wirkung
auf unsere Seele ist eine recht verschiedene. Reine Farben,
Töne und Klänge erfreuen unser Herz, unharmonische Mi-
schungen von Tönen oder Farben sind uns langweilig oder sie
erregen sogar unser äußerstes Mißfallen. Der eine Reiz ist,
wie es der Forscher nennt, lustbetont, der andere unlust-
betont, und dieses Gesetz beherrscht die ganze Welt.

Aus den Lehren der Musik geht mit besonderer Klarheit
hervor, daß zwischen der rein physikalischen Frequenz der
Schallwellen und dem Wohlklang, den sie erzeugen, eine enge
Beziehung besteht. Die Schwingungszahlen der Töne, die einen
unser Ohr erfreuenden Akkord bilden, müssen zueinander in
einem einfachen mathematischen Verhältnis stehen. Ebenso gilt
es im Reiche der Farben, daß ganz reine, satte Farben, die nur
das Licht einer bestimmten Wellenlänge enthalten, unser Auge
am meisten erfreuen. Der Ästhet wird sie vielleicht als zu
schreiend finden und den gedämpften, matten Farben hier
und da den Vorzug geben, aber in seinen Empfindungen
steckt bereits sehr viel Intellektuelles. Kinder und Wilde
zeigen den natürlichen Schönheitsbegriff des Menschen-
geschlechts wohl deutlicher.

Neben dieser höchst auffallenden, wissenschaftlich noch
ganz ungeklärten Beziehung zwischen der Physik des Reizes
und der Sinnenlust läßt sich aber noch ein zweites Gesetz
erkennen, welches besagt, daß ganz der gleiche Reiz, je
nach den Umständen, unter denen er wirksam wird, Lust
oder Unlust spenden kann. Die Ananas ist eine herrliche
Frucht, gleich schmackhaft als Obst genossen oder in der
Form einer erfrischenden Bowle. Als ich aber auf der Schule
verbotenerweise mich allzu reichlich an der Vertilgung einer
Ananasbowle beteiligte, die ältere Schulkameraden heimlich
bereitet hatten, und mir dies nicht ganz gut bekam, empfand
ich fünf, sechs Jahre lang gegen Ananas in jeder Form den
lebhaftesten Widerwillen. Die Lust war jäh in Unlust um-
geschlagen. Solche Dinge gibt es vielfach, und ein jeder wird

54

sie auf seine Weise erlebt haben. Besonders bei Frauen, die Mutterfreuden entgegensehen, ist eine derartige Umwertung der Empfindungen häufigstes Erlebnis. Die Schokolade, im sonstigen Leben ein sehr beliebter Leckerbissen, wirkt abstoßend, und nicht anders ergeht es der Zigarette, die für gewöhnlich zu den unentbehrlichen kleinen Lebensfreuden gehörte. Diese Fälle beweisen wohl, daß Lust und Unlust ebenso wie die Empfindung selbst, der sie sich beigesellen, nicht im Sinnesapparat, sondern irgendwo in der Tiefe unseres Gehirns ihren Ursprung haben.

Die Sinnenlust. Banausen und Philistern erscheinen Sinnenlust und Lebensfreude, soweit sie nicht gar als eine Erfindung des Teufels gelten, doch mit dem Ernst des Lebens zu kontrastieren und unwert zu sein jeder männlichen Lebensphilosophie, die auf Vernunft und Pflicht sich aufbaut. Wer aber näher an den Quellen des Lebens sitzt, der weiß, daß gerade sie in gänzlich unentbehrlicher Weise das Schiff unseres Lebens lenken. So haben die Freuden des Mahles ihren tiefen Sinn. Der Physiologe pflegte früher den Wert der Speisen allein nach ihrem Gehalt an Kalorien zu beurteilen. Jedes Gramm Fett, Eiweiß oder Kohlehydrat, das wir unserem Magen überantworten, repräsentiert für unseren Körper ein gewisses Maß an Energie, ausdrückbar in Wärmeeinheiten oder Kalorien, genau so wie die Kohlen, aus denen die Dampfmaschine ihre Kraft schöpft. Würde uns aber die Köchin nur ein Gemisch dieser an sich so wichtigen Stoffe vorsetzen, so würden wir sehr böse werden. Die Schmackhaftigkeit unserer Speisen beruht nämlich ganz und gar nicht auf diesen energieerzeugenden Stoffen, sondern auf gewissen Beimengungen allerhand anderer Substanzen, die, jeden Kaloriengehalts bar, dennoch als Appetiterreger eine wichtige Aufgabe leisten. Der Appetit, der sich einstellt, wenn es einem gut schmeckt, bewirkt nicht nur, daß einer gründlicher in die Speisen einhaut, als er es ohne ihn vermöchte, seine geheimnisvollen Einwirkungen erstrecken sich auch auf das richtige Funktionieren unseres Darmkanals. Schon seit langem ist es bekannt, daß einem der Speichel im Munde zusammenläuft, wenn man eine leckere Speise riecht oder sieht. Dies ist nützlich, denn der Speichel läßt die Speisen rascher die Kehle hinuntergleiten, auch enthält er ein wichtiges Ferment zur Verdauung aller mehlartigen Substanzen. Darüber hinaus zeigte aber der große russische Forscher P a w l o w, daß auch der Magen eifriger als sonst beginnt, den wichtigen Magensaft abzusondern, wenn der Wohlgeschmack der Speisen unseren Gaumen kitzelt oder ihr Anblick uns die Freude des Genießens in sichere Aussicht stellt. Es ist dies der berühmte *Appetitmagensaft*, der eine Brücke schlägt zwischen der Sinnenlust und den Vorgängen, die tief in unserem Inneren, uns unbewußt, vor sich gehen. Je besser die Speise schmeckt, desto besser ist infolge des reichlichen Ergusses des Appetitmagensaftes auch ihre Verdauung, und so können wir hier die physiologische Wirkung der Sinnenlust objektiv, mit strengster Wissenschaftlichkeit messend, verfolgen.

Über die schon erwähnte Tatsache, daß man von einer schmackhaft bereiteten Speise mehr zu sich nimmt als von einer anderen, brauchen wir nicht weiter viel Worte zu verlieren, dagegen wollen wir einige allgemeinere Betrachtungen über den Aufbau unserer Handlungen hier anschließen.

Wenn das Kind den garstigen Leberthran nicht einnehmen will, verspricht ihm die Mutter zur Belohnung ein Schokoladenplätzchen. Das Kind weiß gar nichts von Vitaminen und ihrer heilkräftigen Wirkung, es schluckt die Medizin, weil der Genuß der Schokolade es lockt. Die *Ursache* seiner Handlung hat also gar keine Beziehung zu dem *Effekt*, der durch diese Handlung bewirkt wird. Dies wird einem jeden einleuchten, was aber viel zu wenig bedacht wird, ist die eigenartige und höchst bedeutsame Tatsache, daß unsere eigenen Handlungen, die wir Erwachsenen tagtäglich ausführen, genau nach demselben Schema gebaut sind. Ganz wie in unserem Beispiele die Mutter das unvernünftige Kind durch Lockmittel gängelt und es dazu bringt, etwas zu tun, was es selbst ganz und gar nicht versteht, ebenso gängelt Mutter Natur uns, die wir uns selber für so vernünftig halten.

Der normale Mensch ißt, weil es ihm schmeckt und weil er Hunger hat. Daß die Nahrung soundso viele Kalorien enthält und außerdem die lebenswichtigen Vitamine, ist sämtlichen Weisen dieser Welt noch vor hundert Jahren vollkommen unbekannt gewesen. Trotzdem ist noch niemand verhungert, den nicht ein grausames Schicksal hierzu zwang. Es besteht also auch hier zwischen dem Grund, aus dem wir handeln, und dem physiologischen Effekt derselben gar keine innere Beziehung, wir sind um kein Haar gescheiter als das Kind, das um der Schokolade willen den Leberthran verzehrt.

Das hohe Lied der Liebe ist auf denselben Ton gestimmt. Die Welt der höheren Geschöpfe wäre längst ausgestorben, gäbe es keine Liebeslust, die somit in letzter philosophischer Wertung der irdischen Dinge wichtiger ist als alles, was grüblerischer Verstand sich zu ersinnen vermag. Genau so wie beim Essen fehlt auch hier zwischen dem Sinnesreiz, der zu der Handlung führt, und ihrem Erfolg jedwede logische Verknüpfung. Kein Tier, auch nicht das höchststehende, weiß irgend etwas davon, welche Bedeutung dem Zeugungsakt in biologischer Hinsicht zukommt. Es soll sogar wilde Völkerstämme geben, die hiervon noch keine Vorstellung besitzen.

Wir sprachen bisher nur vom Menschen. Dürfen wir auch den Tieren Lust und Unlust zuerkennen? Manche Naturforscher haben die etwas kühne Behauptung aufgestellt, daß bei den Tieren alles aufs beste durch Reflexe geregelt ist, so daß sie der Lust und des Leids gar nicht bedürfen. Nun kann man es sicherlich kaum beweisen, daß etwa eine Schnecke besondere Freude empfindet, wenn sie an einer Erdbeere nagt, aber bei den höchststehenden Tieren, wie Hund und Katze, läßt sich mit großer Sicherheit das Element der Lust beweisen. Wenn ein solches Tier, dem wir eine gewisse Einsicht in den Zusammenhang der Dinge nicht absprechen können, mit größter Lebhaftigkeit einen Sinnenreiz zu erlangen sucht, den es aus Erfahrung kennt, dann muß man schon den Tatsachen bedeutende Gewalt antun, will man die Lust als erklärendes Prinzip durchaus verbannen. Wer hat es nicht schon erlebt, daß Hund oder Katze

außer Rand und Band geraten, wenn etwa aus der Küche
der Ton der Fleischmaschine erklingt, und sie so lange an
der Tür scharren, bis sie hineingelassen werden. Viele Miß-
deutungen fallen fort, wenn wir im Auge behalten, daß auch
das Tier sich freuen kann.

So ist es gar nicht zu leugnen, daß der Hund Freude an
der Musik empfindet. Ich habe Hunde gekannt, die ihre
Herrin tagtäglich, oft zu bestimmter Zeit, sehr energisch
zu einer musikalischen Darbietung aufforderten. Sie ruhen
nicht eher, als bis das Instrument, sei es nun ein Klavier,
eine Geige oder eine Mundharmonika, in Tätigkeit gesetzt ist,
dann setzen sie sich auf die Hinterkeulen und stimmen aus
reiner Herzensfreude ein solches Geheul an, daß unkundige
Menschen dies häufig als eine Wehklage und als ein ab-
sprechendes Urteil über die menschliche Musikkunst auffas-
sen. In Wirklichkeit ist es nur die Ähnlichkeit des Geheuls
mit dem, welches der Mensch in Zeiten der Not und Ver-
zweiflung anstimmt, die zu diesem falschen Urteil führt.

Beim Menschen fließt in den Becher der Freude meist
irgendein Tropfen Wermut ein. Die Gabe, sich völlig schran-
kenlos der Freude hinzugeben, haben die Götter den Kindern
und Tieren vorbehalten, und es lohnt sich schon, dergleichen
als unbeteiligter Zuschauer mitzugenießen. Wer hierzu auf-
gelegt ist, dem empfehle ich, seiner Katze einmal ein Päckchen Baldrian vorzulegen. Man kaufe also etwas Baldrian,
tue ihn in ein Leinensäckchen und werfe es der Katze vor.
Das sonst so vernünftige Tier wird sich sogleich vollkommen
närrisch benehmen. Es ist, als ob alle irdischen Wonnen auf
einmal über es gekommen wären, und es ist nur zu bedauern,
daß es für das arme Menschengeschlecht keinen einzigen Ge-
ruchsstoff gibt, der solche Sensationen zu erwecken vermag.
Die Katze wird das Päckchen erst vorsichtig beschnüffeln,
dann aber wird sie es bald mit aller Zärtlichkeit an sich
pressen, es zwischen die Pfoten nehmen und sich damit
herumwälzen. Es wird weggeschleudert, nur um sogleich
desto stürmischer wieder geholt zu werden. Kurz, das Tier
gerät in einen Zustand der Ekstase, bei dessen Betrachtung
die Lust unmöglich zu leugnen ist.

Unlust und Schmerz. Während die Lustgefühle für Mensch und Tier die stärksten Triebfedern sind zur Durchführung biologisch wichtiger Handlungen, sind die der Unlust von der Natur dazu bestellt, die unvernünftige Kreatur vor Taten zu bewahren, durch die sie zu Schaden kommen könnte. Wir kennen in unserer eigenen Empfindungswelt eine Reihe von ihnen: den Ekel, den Schmerz, den Geschmack des Bitteren. Die Einschaltung dieser Gefühle in den Mechanismus unserer Handlungen ist genau dieselbe wie bei den Lustgefühlen. Der Ekel wird beim Menschen hauptsächlich durch bestimmte Gerüche wachgerufen. Der Verwesungsgeruch einer Tierleiche, der Geruch der Fäzes sind in ihrer biologischen Zuordnung deutliche Hinweise, daß es für den Menschen aus Gründen der Ansteckung oder der Vergiftung nützlich ist, den diese Pestgerüche verbreitenden Körpern aus dem Wege zu gehen. Diesen Schluß finden wir durch unsere Überlegung, aber im Ernstfalle bedürfen wir seiner nicht, sondern wir wenden uns voller Abscheu ab, weil unsere Sinne beleidigt werden. Unsere Handlung zielt also auch hier in keiner Weise auf das ab, was die Natur mit ihr erreichen will, sie gängelt uns folglich auch hier.

Ebenso deutlich ist dies beim Schmerz, der in gewisser Hinsicht unter unseren Sinnen eine Sonderstellung einnimmt. Während unsere anderen Sinnesempfindungen von Lust- oder Unlustgefühlen begleitet sein können, liegt beim Schmerz die Betonung ganz und gar im Unlustgefühl selbst, gegenüber welchem die eigentliche Empfindung völlig zurücktritt.

Der Mensch, den der bohrende Zahnschmerz plagt, oder dem eine Brandwunde das Leben verleidet, wird leicht zu dem Urteil kommen, daß der Schmerz eine Erfindung des Satans ist, geschaffen, die Erde in ein Tal des Jammers zu verwandeln. Arzt und Naturforscher wissen es besser. Wie würde es denn ohne Schmerz auf der Welt zugehen? Wenn wir uns an einen zu heißen Ofen lehnen, würden wir den Schaden erst gewahr werden, wenn der Gestank verbrannter Kleider unsere Nase reizte. Ganz recht, wird man mir antworten, aber welche biologische Bedeutung hat es denn, wenn uns der Blinddarm weh tut? Dies ist wohl für den modernen Europäer von Nutzen, er kann den Arzt rufen lassen, während er ohne Schmerzwahrnehmung seiner Erkrankung voraussichtlich dazu keine Gelegenheit mehr findet. Aber was hat ein Neger im Urwald oder irgendein Tier denn für einen Vorteil, wenn seine Gedärme, an die er doch nicht herankann, von Schmerzgefühlen durchrast werden? Trotz dieses Einwandes läßt sich aber auch hier einiges zugunsten des Schmerzes sagen. Er wird den Naturmenschen hindern, seiner sonstigen Arbeit nachzugehen, ihn zwingen, daß er sich hinlegt und so die Vorteile erhält, die das Krankenbett als solches dem Genesenden bietet. Ganz freilich kommen wir mit dieser Logik nicht zu Ende. Das Bibelwort: „Mit Schmerzen sollst du gebären", ist ein bitteres Wort, das an die Wiege eines jeden Menschenkindes das Leid stellt, ohne daß wir wissen, warum. Es scheint, daß das Schmerzgefühl, das sinngemäß auf alle anderen Organe sich erstreckt, nicht an irgendeinem von ihnen haltzumachen vermag.

Sehen wir von diesem einzelnen Falle ab, so können wir im ganzen aber immerhin den Satz prägen, daß der Schmerz unser strenger Zuchtmeister ist, der uns davor warnt, Handlungen vorzunehmen, die unserem Körper schädlich sind. Es scheint, daß dieser Satz für alle Tiere Geltung haben müßte, die überhaupt Erfahrungen sammeln können, und daß man daher den Schmerzsinn als eine ganz allgemeine Eigenschaft der Tiere zu betrachten habe. Aber über diesen Punkt sind die Meinungen der Sachverständigen sehr geteilt, und viele Naturforscher halten es für gänzlich unvernünftig, über den Schmerzsinn eines Fisches, einer Fliege oder eines Regenwurms auch nur nachzudenken. Für sie ist der Schmerz eine Domäne der Empfindung, und da es uns nun einmal versagt ist, über die Empfindungen anderer Organismen etwas zu erfahren, so bleibt uns nur eines zu tun, nämlich zu schweigen.

Indessen ist diese Resignation, wie mir scheint, zu weit getrieben, und so soll es denn im folgenden versucht werden, trotz und alledem etwas Vernünftiges vom Schmerzsinn der

Tiere zu erzählen. Wir wollen aber beim Menschen als dem Maß aller Dinge anfangen und uns klar machen, daß auch bei uns der Schmerz keineswegs nur eine Angelegenheit der Empfindung ist. Wenn einer in seinem Garten an einem schönen Spätsommertage ein Stück Kuchen ißt und eine fürwitzige Wespe, die den Kuchen als ihr eigen betrachtet, ihn in die Lippe sticht, so geschieht allerlei. Zunächst ist es gewisser als das Orakel der Pythia, daß er aufhören wird zu essen. Außerdem wird er Au! schreien, und wenn die Wespe besonders gut getroffen hat, wird er sogar vom Stuhle aufspringen und ohne Ziel im Garten herumlaufen. Dies sind „objektive Kriterien" des Schmerzsinnes, die man leicht klassifizieren kann: Hemmung der gerade stattfindenden Handlung, Schreien und ziellose Ausdrucksbewegung.

Mit diesen Kenntnissen ausgerüstet, können wir uns nunmehr an die Tiere heranmachen. Da ist es nun nicht schwer, bei einem der uns näherstehenden Organismen, etwa einem Hunde, ganz das gleiche zu beobachten. Ich besinne mich sehr genau, wie mein treuer Jugendgefährte, der Dachshund Kaspar, sich mitten auf eine Hummel setzte, als er gerade mit dem Fangen eines Flohs intensiv beschäftigt war. Der Floh war sogleich vergessen, ein durchdringendes Geheul erscholl und mit eingeklemmtem Schwanze suchte der Gestochene das Weite. Der gesamte Komplex der Erscheinungen ist also bei Mensch und Hund durchaus der gleiche, und wir machen daher einen sehr berechtigten Analogieschluß, wenn wir dem Hunde auch das zubilligen, was uns zu beobachten versagt ist: das Schmerzgefühl.

Etwas schwieriger wird die Sache freilich, wenn wir uns den Eidechsen, Fröschen oder Fischen zuwenden. Man könnte solche Tiere in beliebiger Weise mißhandeln, ohne daß sie einen Laut von sich geben. Die Natur hat sie entweder stumm geschaffen, oder sie heben sich ihre Stimme, wie es der Frosch tut, für den edleren Zweck der Liebeswerbung auf. Was man aber auch bei ihnen bemerken kann, sind die Ausdrucksbewegungen. Wenn man ihnen etwas zuleide tut, was bei einem Menschen Schmerz auslösen würde, so zappeln sie mit den Beinen, schlagen mit ihrem Schwanze und winden

sich mit ihrem schlanken Körper, ein jedes nach seiner
Weise. Auch Augenrollen wie bei irgendeinem gequälten
Menschen ist zu sehen. Es ist folglich auch hier nicht zu
kühn, wenn man ihnen den Schmerz zubilligt.

Die Verteilung der Schmerzempfindlichkeit ist manchmal
bei Mensch und Tier höchst übereinstimmend. Der Chirurg
weiß, daß die äußere Haut sowie die innere Auskleidung der
Leibeshöhle, das sogenannte Peritoneum, sowie der Herz-
beutel sehr schmerzempfindlich sind, die inneren Organe und
die Muskeln dagegen sehr wenig. Genau das gleiche gilt, soweit uns die Ausdrucksbewegungen darüber belehren, von
den Tintenfischen, die bekanntlich zu den Weichtieren gehören und gar keine Verwandtschaft mit uns zeigen. Sie
haben eine besonders energische Reaktion auf „schmerzliche"
Eingriffe. Sie entleeren nämlich ihren Tintenbeutel, und
zwar, wenn man in die Haut schneidet oder das zarte Peritoneum anfaßt. An den inneren Organen kann man herum-
operieren soviel man will.

Dem Problem des Schmerzsinnes kann man nun aber,
mindestens bei den niederen Wirbeltieren, noch von einer
ganz anderen Seite beikommen. Wir werden den Geruch-
und den Geschmacksinn später genauer kennenlernen. Amerikanische Forscher haben aber mit Recht darauf aufmerksam
gemacht, daß es noch einen dritten chemischen Sinn gibt,
den sie den „common chemical sense", den allgemeinen
chemischen Sinn, nennen. Er verteilt sich über die ganze
feuchte Haut, das heißt, bei uns beschränkt er sich auf die
Mundhöhle, Teile der Nasenhöhle sowie das Auge und seine
Umgebung. Beim Frosch dagegen nimmt er die ganze Haut
ein. Wenn man einem Frosche mit verdünnter Säure oder
einem anderen reizenden Stoffe die Flanke pinselt, so kommt
sofort das eine Hinterbein und wischt die getroffene Stelle
ab. Was ist das nun? Ganz gewiß schmeckt der Frosch nicht
mit seiner Flanke, noch hat er an dieser Körperstelle eine
Geruchsempfindung. Beides wissen wir daher, daß die charakteristischen Sinneszellen fehlen. Man findet nun aber
überall in der Haut sogenannte freie Nervenendigungen als
verantwortliche Rezeptoren dieses seltsamen chemischen Sin-

nes. Diese Nervenendigungen sind nun beim Menschen bestimmt die Aufnahmestellen für den Schmerz. Es gibt nämlich Körperstellen, die auf jeden Reiz mit Schmerz reagieren, z. B. die Hornhaut unseres Auges, und hier finden wir neben den freien Nervenendigungen keine anderen Reizaufnahmeorgane. Damit ist aber der Kreis beinahe geschlossen. Wir können es als bewiesen ansehen, daß dieselben Gewebselemente beim Menschen dem Schmerzsinne dienen, beim Frosch dem allgemeinen chemischen Sinn, und daher können wir getrost beide miteinander gleichsetzen. Ins Ungewisse geraten wir allerdings, wenn wir die niederen Tiere über ihren Schmerzsinn befragen. Ob eine Weinbergschnecke oder ein Regenwurm irgend etwas empfindet, was unserem Schmerzgefühl ähnlich ist, vermögen wir bei der gänzlich abweichenden Organisation dieser Tiere nicht mit Sicherheit zu sagen. Das unleugbare Vorhandensein von „Ausdrucksbewegungen" auch bei ihnen spricht immerhin dafür.

Dagegen erlauben es unsere heutigen Kenntnisse, bei einer sehr großen Tierklasse, nämlich den Gliederfüßlern, den Schmerz zu leugnen. Hier fehlen nämlich in ganz überraschender Weise alle objektiven Anzeichen desselben. Wenn man einer Ratte die Beinnerven durchschneidet, so daß das Bein gefühllos wird, frißt sie unter Umständen ihre eigene Pfote auf. Eine gesunde, schmerzempfindliche Ratte wird dies niemals tun, und wir können an diesem einfachem Beispiele noch einmal die eminente Bedeutung des Schmerzsinnes ermessen. Ein Insekt kann sich nun, ohne daß vorher sein Nervensystem beschädigt worden wäre, genau wie die entnervte Ratte benehmen. Hat eine Raupe zufällig eine Verwundung am Hinterkörper erlitten, aus der das Blut quillt, und kommt sie mit dem Munde an diese Stelle heran, so beginnt sie sich selber aufzufressen, und es ist — nicht vom alten Münchhausen — sondern von guten Sachkennern beschrieben worden, daß sie dabei ihren ganzen Hinterleib verspeisen kann. Dies ist mit dem Vorhandensein eines Schmerzsinnes schlechterdings unvereinbar! Ebenso fehlt, wie es scheint, häufig die durch den Schmerz bedingte Hemmung der gerade betätigten Handlung. Herrn von Münch-

hausen, auf den wir hier noch einmal zurückgreifen müssen,
können wir es allerdings nicht glauben, daß sein Pferd
weitersoff, nachdem es die hintere Hälfte seines Leibes verloren hatte, aber bei der Biene scheint es sich wirklich so
zu verhalten. Man kann ihr, wenn sie Honig trinkt, ganz
ruhig ein Stück des Hinterleibes abschneiden, ohne daß sie
dies stört.

II. Die einzelnen Sinne.

Daß man seine fünf Sinne zusammenhalten muß, wenn man ohne anzustoßen durch die Welt will, lehrte man unseren Großvätern. Inzwischen sind wir auch auf diesem Gebiete klüger geworden und haben erkannt, daß wir, um rüstig durchs Leben zu schreiten, noch einiger Sinne mehr bedürfen. Wir wollen sie uns einmal der Reihe nach betrachten.

Wir kennen also erstens den *Gesichtssinn,* den unentbehrlichen Führer bei der Erkenntnis der uns umgebenden Welt. Ihm stellt sich als zweitwichtigster Sinn der *Gehörsinn* zur Seite; er gibt uns zwar weniger Aufschluß über die Dinge um uns herum, aber als Mittler zwischen Mensch und Mensch können wir ihn ganz und gar nicht vermissen. Dem Chor der fünf Sinne gehören ferner der *Geruch-* und der *Geschmacksinn* an sowie endlich der *Tastsinn.* Verwunderlich ist, daß man nicht schon lange den *Wärme-* und *Kältesinn* als sechsten Sinn anerkannt hat, dessen Bekanntschaft wir doch im täglichen Leben, z. B. in der Küche, fortdauernd erneuern. Ebenso hat man als siebenten durchaus selbständigen Sinn den *Kraftsinn* vergessen, mit dem wir feststellen, ob wir den Koffer allein tragen können oder uns einen Dienstmann nehmen müssen. Endlich ist der *Schmerzsinn* zu erwähnen, zu dessen Studium es auch keiner besonderen Gelehrsamkeit bedarf. Wir kommen so zu dem Schluß, daß die alte Lehre von den fünf Sinnen eine ziemlich oberflächliche Auffassung ist, und daß wir besser daran tun, die acht genannten Sinne an ihre Stelle zu setzen, wenn es gilt, unsere Sinnesempfindungen zu klassifizieren.

Bei wissenschaftlicher Beurteilung ist aber die Zahl der Sinne damit noch nicht erschöpft. Wir werden den Gleichgewichtssinn kennenlernen, den wir meist vernachlässigen, weil wir bei ihm nichts empfinden, und endlich werden wir

erkennen, daß es in unserem Innern noch allerlei Sinneswahrnehmungen gibt, die überhaupt nicht der Beurteilung
der Welt da draußen dienen, um so wichtiger aber sind für
die Regulierung unserer eigenen Körperbewegungen.

So weit der Mensch. Aber wie steht es denn mit den Tieren,
gibt es nicht bei ihnen zahllose uns völlig fremde Sinne, mit
denen ein jedes Geschöpf aus seiner Umgebung die ihm
spezielle Umwelt formt? Auf diese Frage können wir natürlich nur eine ungefähre Antwort geben, weil erst ein kleiner
Teil der Tierwelt auf ihre Sinne hin exakt erforscht ist. Aber
wir dürfen vielleicht schon heute sagen, daß auch in Zukunft besondere Überraschungen hier nicht zu erwarten sind.
Im allgemeinen sind die Sinne sämtlicher Tiere, ob sie nun
im tiefen Meere, auf Erden oder in der Luft ihr Wesen treiben, auf die gleichen Naturreize eingestellt. Wir können mit
großer Bestimmtheit behaupten, daß z. B. kein einziges Tier
ein Sinnesorgan für Elektrizität oder für Magnetismus besitzt; wenn wir irgendwo Fähigkeiten entdecken, die über die
unseren hinausragen, so handelt es sich um eine bessere Ausbildung des einen oder anderen Sinnes, aber niemals um etwas
Neues. Gewiß, der Raubvogel sieht achtmal schärfer als wir,
der Hund hat ein uns unbegreifliches Witterungsvermögen,
sicherlich gibt es auch Tiere, die Töne wahrnehmen, die nicht
mehr unser Ohr erreichen, aber Neues werden wir wohl
nirgends finden.

Wir können also getrost im Bereich der Sinne den Menschen
als das Maß der Dinge betrachten und uns seiner Führung
anvertrauen, wenn wir in den folgenden Seiten die einzelnen
Sinne ein wenig genauer studieren wollen.

1. Der Gesichtssinn.

Die Umwelt, die wir uns selbst mit unseren Sinnen aufbauen, setzt sich zusammen aus den vielfältigen Eindrücken,
die aus den verschiedenen Sinnesgebieten uns zufließen. Gibt
man sich davon Rechenschaft, in welchem Maße die einzelnen
Sinne sich hieran beteiligen, so kommt man zu der überraschenden Einsicht, daß wir das allermeiste dem Auge verdanken. Wenn ich mich in die Mitte meines Zimmers stelle,

so werde ich in den meisten Fällen weder etwas Besonderes riechen noch schmecken; bin ich allein, werde ich vielleicht auch nichts weiter hören als den verworrenen Straßenlärm oder das Zwitschern der Vögel im Laub vor meinen Fenstern. Fühlen werde ich nur mich selbst, aber das Auge wird tausend Dinge vor mich hinstellen, die Schränke mit all ihrem Kram, die Bücher auf den Borden, die Bilder an der Wand, und jedes dieser Dinge wird in seiner Sprache zu mir reden und bereit sein, mir seine Geschichte zu erzählen. In den meisten anderen Situationen wird es sich ähnlich verhalten, ob ich nun spazierengehe, oder was sonst ich auch tun möge. Nur selten sind die Fälle, in denen das Gesehene zurücktritt vor den Eindrücken, die von den anderen Sinnen kommen. Die Reichhaltigkeit der gesehenen Umwelt verdanken wir der Tatsache, daß das Auge uns in ganz überwiegendem Maße die Eindrücke aus der Ferne vermittelt. Alle unsere anderen Sinne sind ihrem Hauptberufe nach dazu da, uns über das aufzuklären, was in unserer nächsten Nähe vor sich geht. Der Wärme-, der Tast- und der Geschmacksinn vermögen überhaupt nichts anderes zu leisten. Beim Geruchsinn ist es schon eine seltene Ausnahme, wenn aus größerer Ferne der Duft blühender Bäume oder der Geruch einer chemischen Fabrik zu uns reicht, und auch beim Ohr ist es schließlich die Hauptsache, daß wir die Sprache anderer Menschen verstehen, die in unserer Nähe sind. Das Auge dagegen reicht in Siriusfernen.

Das Auge, als ein komplizierter physikalischer Apparat, der ganz nach der Art einer photographischen Kamera sich zusammensetzt, besitzt die Fähigkeit, die uns umgebenden Gegenstände mit nur geringer Verzerrung auf unserer Netzhaut abzubilden. Aber diese Grundlage unseres Sehens wäre bedeutungslos, besäßen wir nicht für alle optischen Eindrücke ein unerhörtes Gedächtnis. Es gibt Menschen, die jemanden, mit dem sie nur wenige Augenblicke im Gespräche waren, noch nach Jahren wiedererkennen, andere, denen es genügt, ein Wort auf Papier zu schreiben, um für den ganzen Rest ihres Lebens sich dieses Wort einzuprägen. Aber auch dies ist noch nicht das letzte und wichtigste.

Der Formensinn. In unserer ersten Jugend, als wir noch mit staunendem Blick alles um uns herum betrachteten, war viel von dem, was wir sahen, noch leere Form. Allmählich lernten wir Bedeutung und Benutzungsmöglichkeit von tausend Dingen kennen, und je älter wir geworden sind, desto mehr ist dieser Wissensschatz gewachsen. Und nun ist das Entscheidende, daß wir alles, was wir von einem Dinge wissen, gewissermaßen in sein Bild hineinpacken. Sehen wir nur dies Bild, so vermögen wir wie an einem unsichtbaren Faden alles andere hervorzuziehen, was wir jemals von diesem Ding erfahren haben. Wir sagen in der Wissenschaft, daß sich vielfache Assoziationen (vgl. S. 179) gebildet haben zwischen dem optischen Bild und den anderen Sinneseindrücken, die von demselben Objekte ausgehen. An sich unterscheidet sich das Auge hierin keineswegs von den anderen Sinnen. Auch Nase und Ohr vermitteln uns viele solche Assoziationen. Aber der Unterschied ist eben der, daß wir tausendmal öfter Gelegenheit haben, an das, was wir sehen, anzuknüpfen als an das, was wir riechen, hören oder fühlen. So erklärt es sich unschwer, daß unser Auge unter den Hilfsmitteln zur Bildung unserer Umwelt weitaus an erster Stelle steht.

Die hier geschilderte Fähigkeit unseres Auges nennen wir das *Formensehen*, und es ist eine äußerst berechtigte Frage, welche Rolle dieses Vermögen bei anderen Organismen wohl spielen mag. Mit recht großer Naivität hat man sich früher auf den Standpunkt gestellt, daß das Auge aller anderen Wesen Ähnliches leiste als bei uns. Man glaubte nur einige Korrekturen anbringen zu müssen, derart, daß wohl die einen Tiere besser, die anderen schlechter als wir selbst sähen, weiter nichts. In Wahrheit aber werden wir erkennen, daß die Leistungen des Auges eines Insekts oder einer Schnecke auf einem ganz anderen, uns selbst fremden Gebiete liegt, und daß nur unsere nächsten Verwandten, die Wirbeltiere, ein dem unseren ähnliches Formensehen ihr eigen nennen.

Der Beweis des wirklichen Formensehens wird erbracht durch den Akt des Wiedererkennens auf optischem Wege bei Ausschluß anderer Sinne. Es ist jederzeit möglich, sich

bei Hund, Katze und Papagei, kurz, bei Säugetieren und
Vögeln, von dieser Fähigkeit zu überzeugen. Jeder Hund
vermag seinen Herrn durch eine Glasscheibe hindurch zu erkennen. Es fehlen uns noch vielfach exakte Beweise für das
Formensehen bei Fröschen, Eidechsen und ähnlichem Getier, aber sie sind heute nicht mehr so wichtig, seitdem wir
durch schöne Versuche erfahren haben, daß man die geistig
viel tiefer stehenden Fische sehr wohl auf Formen dressieren
kann. Es ist nämlich gelungen, Fische darauf zu dressieren,
daß sie zum Futterholen heranschwimmen, wenn ihnen ein
L gezeigt wird, nicht dagegen, wenn sie ein R sehen. Sie
vermögen also L und R zu unterscheiden, und damit ist ihr
Vermögen des Formensehens in klarster Form erwiesen.

Bei den wirbellosen Tieren, als da sind Insekten, Spinnen,
Krebse, Schnecken und Würmer ist der Formensinn so man-
gelhaft entwickelt, daß man besser gar nicht davon redet.
Man kann einer hungrigen Weinbergschnecke ein noch so
leckeres Salatblatt vor die Augen halten, wenn sie von ihm
durch eine Glaswand getrennt ist, so daß sie es nicht riechen
kann, nimmt sie nicht die geringste Notiz von ihm. Ebensowenig achtet ein liebestoller Schmetterling auf die Dame
seines Herzens, wenn sie in einem geschlossenen Glase vor
ihm sitzt. Alle diese Tiere sind eben unfähig, einen Gegenstand an seiner Gestalt als solchen zu erkennen. Man hat
lange geglaubt, wenigstens der Biene eine Ausnahmestellung
zubilligen zu dürfen, die ja auf anderen Gebieten des Sinneslebens so staunenswerte Leistungen aufweist. Aber auch sie
hat kläglich versagt. Es gelingt nicht, eine Biene auf eine
bestimmte Form zu dressieren, etwa eine fünfstrahlige Blume,
ein Dreieck oder einen Kreis. Alles, was man ihr zubilligen
kann, ist, daß sie von sich aus, auch ohne Dressur, vielfach
zerteilte, differenzierte Formen einfachen vorzieht.

Im ganzen läßt sich also behaupten, daß die gegenständ-
liche Welt, die uns umgibt, und die erfüllt ist mit tausend
und abertausend Dingen, die wir an ihrem Aussehen erkennen und voneinander unterscheiden, für alle diese kleinen
Tiere gar nicht existiert. Sie sehen wohl, aber was sie sehen,
sind leere Formen, große und kleine, bunte und farblose

Flächen und Körper, die den meisten von ihnen so wenig bedeuten wie einem Wilden die Partitur einer Symphonie.

Wie dies kommt, davon kann man sich eine ungefähre Vorstellung machen, wenn man das Auge eines solchen Tieres im Mikroskop studiert. Helmholtz hat einmal gesagt, wenn ihm ein Mechaniker ein so schlechtes optisches Instrument liefern würde, wie es das menschliche Auge ist, so würde er ihn mit Schimpf und Schande davonjagen. Nun, das Auge eines Insekts oder gar einer Schnecke ist noch tausendmal schlechter. Man kann dies ganz genau messen. Beim Menschen kann man durch Selbstbeobachtung leicht feststellen, wie weit zwei Punkte voneinander entfernt sein dürfen, damit

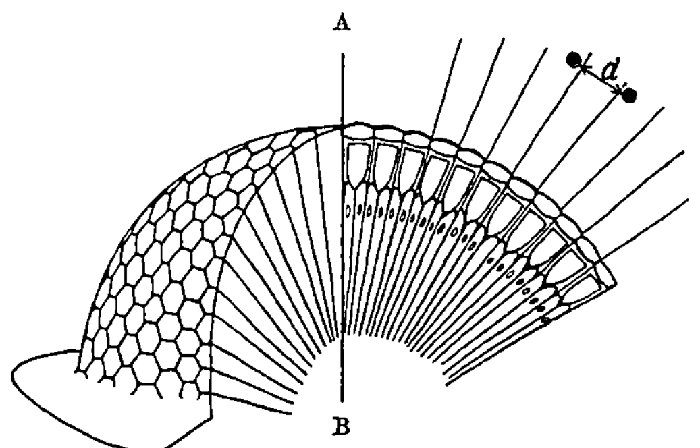

Abb. 22. Facettenauge eines Insekts. Durch die Achse AB sind zwei aufeinander senkrechte Schnitte gelegt. Rechts sind die Einzelaugen median getroffen. Nach Hesse-Doflein, verändert.

man sie aus einer bestimmten Entfernung gerade noch getrennt wahrnimmt. Zwei schwarze Punkte, die 1 mm voneinander abstehen, sieht ein normalsichtiger Mensch immerhin noch aus mehreren Metern, ohne daß sie verschwimmen. Wollen wir uns Vergleichszahlen für das Bienenauge verschaffen, so müssen wir zunächst wissen, daß sich dasselbe wie bei allen Insekten aus vielen Augenkeilen zusammensetzt, deren jeder eine Einheit darstellt und nur einen einzigen weißen, schwarzen oder bunten Klecks sieht. Zwei Punkte, die getrennt gesehen werden sollen, müssen also mindestens um die Breite eines solchen Augenkeils (Abb. 22 d) entfernt sein. Jeder Augenkeil umfaßt nun etwa einen Winkel von einem Grad

(Abb. 22). Hieraus kann man leicht berechnen, daß die Biene zwei Punkte von 1 mm Abstand aus höchstens 7,5 cm Entfernung unterscheiden kann, und daß die Punkte 13 mm auseinanderliegen müssen, wenn sie die Biene aus 1 m Entfernung wirklich als zwei getrennte Dinge wahrnehmen soll. Wahrscheinlich ist sie nicht einmal dazu imstande. Experimente haben gezeigt, daß sie ein Quadrat von 10 mm Kantenlängen aus höchstens 10 cm Abstand wahrnimmt, eines von 20 sogar erst aus 40 cm.

Bei anderen Tieren steht die Sache noch viel schlimmer. Die meisten kleineren Insekten haben in jedem ihrer Augen überhaupt nur ein paar hundert Facetten, Schnecken, Spin-

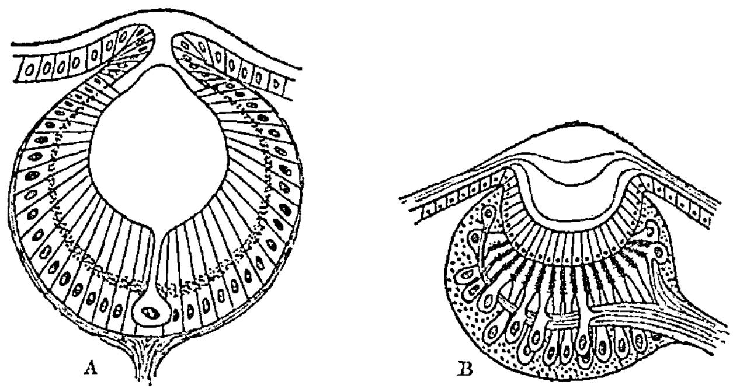

Abb. 23. Linsenauge A eines Borstenwurmes, B einer Spinne zur Demonstration der geringen Zahl der Sehzellen, aus Bütschli.

nen und Würmer nur ein paar hundert Sehzellen (Abb. 23). Ihr ganzes Gesichtsfeld kann also bestensfalls nur aus einem ganz groben Mosaik bestehen, das sich aus mehreren hundert Klecksen zusammensetzt. Damit kann man nicht viel anfangen, und so ist es verständlich, daß alle diese Tiere auf ein Formensehen überhaupt verzichtet haben.

Das Bewegungssehen. Die Natur hat es bei den niederen Tieren versucht, die mangelnde Fähigkeit, Formen zu erkennen, durch andere Mittel auszugleichen. Für den Menschen ist es verhältnismäßig gleichgültig, ob das, was wir sehen, sich bewegt oder nicht. Gewiß, wenn wir mit träumerischem Blick ins Leere sehen, fesselt ein vorbeifliegen-

der Vogel unsere Aufmerksamkeit etwas mehr als einer, der
stille sitzt, aber im großen und ganzen kann doch behauptet
werden, daß wir an sich bewegenden Dingen nicht sonder-
lich interessiert sind.

Bei den meisten Tieren, von den höchstentwickelten vielleicht abgesehen, ist dies ganz anders. Mutter Natur hat
ihnen ein einfaches, aber beinahe unfehlbares Mittel an die
Hand gegeben, damit sie sich im Wirrsal dieser Welt zurechtfinden. Sie sagt ihnen: Was sich bewegt, das lebt, darauf also müßt ihr achten, denn es kann Feind oder Beute
sein, was sich aber nicht bewegt, das ist leblos, von ihm
droht euch keine Gefahr. Für das Tier, also etwa den Hasen,
den Frosch, den Hecht oder die Libelle ist daher zwischen
einem stillsitzenden Wesen und einem anderen, das umherläuft, schwimmt oder kriecht, ein himmelweiter Unterschied.
Das erste existiert gewissermaßen gar nicht; es wird zwar
„gesehen“, d. h. die Netzhaut zeichnet seine Figur ab, so
naturgetreu, wie sie es eben kann, aber dem Gehirn, dem
eifrigen Wächter, wird nichts von diesem Bilde gemeldet.
Huscht aber das Bild eines sich bewegenden Körpers über die
Netzhaut, so überstürzen sich die Meldungen über dies bedeutsame Ereignis, und sogleich ist das Gehirn bereit, die
nötigen Maßnahmen zu ergreifen. Wir nennen dies in der
Wissenschaft Bewegungssehen und bezeichnen damit eine uns
selbst fremde, bei den Tieren dagegen sehr verbreitete Reak-
tionsart (Abb. 24).

Für unendlich viele Tiere gibt das Bewegungssehen für
den Beutefang den Ausschlag. Der Laubfrosch kümmert sich
keinen Deut um die ruhig sitzende Fliege, der Molch nicht
um den ruhenden Wurm, aber sobald etwas zappelt, ist auch
schon der weit geöffnete Rachen bereit, es in Empfang zu
nehmen. Auf Einzelheiten wird dabei nicht geachtet, die
Form spielt eben keine Rolle. Man kann daher alle solchen
Tiere leicht durch Atrappen täuschen. Die schwierige Kunst
des Angelns beruht im wesentlichen hierauf. Nur auf eins
kommt es noch an, und das ist die Größe des sich bewegenden Etwas. Das Rezept, nach welchem die Tiere handeln, ist auch hier einfach genug. Zur Beute ist nur geeignet,

was kleiner ist als man selbst, wer sich aber bewegt und
dabei größer ist, kann leicht ein Feind sein, vor dem man
auf der Hut zu sein hat. Mehr braucht man nicht zu wissen.
Das Bewegungssehen dient bei manchen Tieren auch beim
Brautwerben. Für die Sinne einer männlichen Stubenfliege
ist das Weibchen ein kleines schwarzes fliegendes Ding. Man
kann daher in sehr amüsanter Weise eine Falle für männliche Fliegen bauen. Es ist nichts weiter nötig, als ein langer
Faden, an dessen Ende man eine schwarze, fliegengroße,
klebrige Kugel befestigt. Zieht man sie mit mäßiger Geschwindigkeit durch die Luft, so hat man sehr bald ein
abenteuerlustiges Flie-
genmännchen an dieser
fliegenden Leimrute ge-
fangen. Weibchen dage-
gen fängt man nie. Die-
ses Beispiel zeigt zugleich,
daß das Bewegungssehen
auch seine Schattenseiten
hat. Da Männchen und
Weibchen bei der Stuben-
fliege gleich groß sind,
beträgt die Wahrschein-
lichkeit, daß sich der
Freier ein Weibchen er-

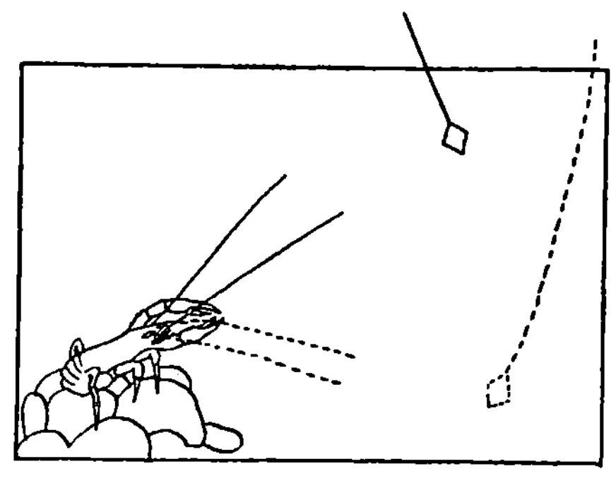

Abb. 24.   Bewegungssehen eines Krebses.
Das Tier folgt dem gesehenen Gegenstande
mit den langen Fühlern.   Nach Doflein.

wirbt, nur 50%, in den anderen wird er auf einen Nebenbuhler stoßen und unfreundlich abgewiesen werden.

Aus dem täglichen Leben kennen wir das Bewegungssehen
vom Scheuen der Pferde. Die Pferde sind im Urzustande
flüchtige Bewohner der Steppe. Ihr Feind ist das sich vorsichtig heranschleichende Raubtier. Ihm zu entgehen hat das
Pferd von der Natur Augen bekommen, die nicht wie die
unserigen nur nach vorn sehen, sondern mehr nach der
Seite gerichtet sind. Während es frißt, kann es daher auch
vielerlei sehen, was schräg hinter ihm vor sich geht.
Scharfe Bilder kann das Pferdeauge mit den hierbei täti-
gen Netzhautteilen freilich nicht entwerfen, aber darauf

kommt es auch gar nicht an. Auf alles, was sich bewegt, ob
es ein Papierfetzen ist, ein Unterrock, der an der Wäsche-
leine im Winde flattert, oder aber wirklich einmal ein Wolf.
In jedem Falle ist Sehen und Davoneilen das Werk eines
Augenblicks. Daß dabei sehr viel öfter Reißaus genommen
werden muß, als es die Gefahr erheischt, dies muß in den
Kauf genommen werden. Besser hundertmal zu viel ge-
flohen, als einmal zu wenig.

Wie ein Feind mit Hilfe des Bewegungssehens ermittelt
wird, lehrt die Pilgermuschel (Pecten) [Abb. 25]. Sie ruht auf
dem Grunde des Meeres, aber sie ist ein rassigeres Geschöpf
als ihre trägen, nur ihrer Verdauung lebenden Verwandten, die

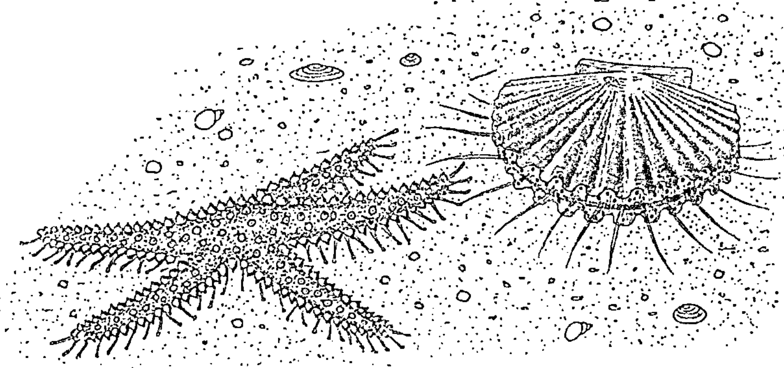

Abb. 25. Pilgermuschel, mit Riechtentakeln und Augen am Mantelrand,
und Seestern.

Auster oder die Miesmuschel. Mit hundert funkelnden kleinen Äuglein, die rings herum am sogenannten Mantelrande
stehen, späht sie, ob irgendwo ein Feind sich naht. Sie
fürchtet den Seestern. Der sieht zwar auf den ersten Blick
recht unschuldig aus, er hat keine Zähne und Klauen und
schleicht so langsam daher. Aber das Tier, dem er sich zur
mörderischen Umarmung genaht hat, ist rettungslos verloren. Es wird mit unzähligen Saugfüßchen festgehalten,
die vereint unwiderstehliche Kraft besitzen. Sie zerreißen die
stärkste Muschel (Abb. 25). Aber die Pilgermuschel ist auf
der Hut. Wenn ein Bild langsam über ihre Augen hinweg-

74

huscht, alarmiert sie eine andere Sorte von Wächtern: die
langen zwischen ihnen stehenden Tentakeln dehnen sich zu
unglaublicher Länge und strecken sich dem herannahenden
Feinde entgegen. Erkennen sie den Geruch des Seesterns,
so entflieht die Muschel, die mit klappenden Bewegungen
ihrer Schalen zu schwimmen weiß.

Beim Bewegungssehen reagiert das Tier genau wie beim
Bildersehen auf Licht, das von den Körpern seiner Umgebung
reflektiert wird. Man kann sagen, daß es die einfachste Art
darstellt, in der sich ein Organismus mit der gegenständ-
lichen Welt auseinandersetzen kann. Viel wichtiger als alles
Licht, das von den näheren Gegenständen reflektiert wird,
sind indessen für alles kleinere Getier die Strahlen, die
direkt von der Sonne oder, wenn sie nicht scheint, wenigstens vom hellen Himmel kommen. Sie vermitteln das bei
allen Gliedertieren, Schnecken, Würmern u. a. weit verbreitete Richtungssehen.

Die Lichtkompaßbewegung. Das Richtungssehen ist uns
Kulturmenschen etwas so Ungewohntes, daß man sich erst
etwas hineindenken muß. Im normalen Leben ist es uns meist
ganz gleichgültig, aus welcher Richtung die Sonnenstrahlen
kommen, und auch in der Wildnis, in der man in die Irre
gehen kann, spielt heute der Stand der Sonne keine Rolle,
man bedient sich des Kompasses. Dieses Instrument sollen
nun zwar die Chinesen schon vor Christi Geburt gekannt
haben, aber in Europa wird es erst seit dem 12. Jahrhundert
verwendet. Wie haben sich nun die alten Römer und Griechen
auf hoher See oder im unbekannten Lande zurechtgefunden?

Einen recht interessanten Beitrag zu dieser Frage liefert
die Xenophonsche Anabasis. Als Xenophon seine Griechen
nach Hause führen wollte, suchte er das Schwarze Meer zu
erreichen, das nördlich von ihm lag; und darum marschierte
er, frühmorgens aufbrechend, „die Sonne zur Rechten“.
Er benutzte also die Sonne genau so, wie wir heute den Kompaß: In beiden Fällen wird der Winkel zwischen der Bewegungsrichtung und der orientierenden Kraft konstant gehalten, dann läuft man mit Sicherheit geradeaus.

Der Laufkäfer, der sich einen großen Teil seines Lebens

„auf der Walze" befindet, der Mistkäfer, die Ameise, die Laufspinne, die Biene in der Luft, sie alle machen es nun noch heute genau so wie der alte Xenophon vor zweitausend Jahren. Die Sonne ist der Führer auf ihrem Wege. So leicht freilich wird man gar nicht auf den Gedanken kommen, daß solch ein Tierchen, das in beliebiger Richtung die Straße kreuzt, sich irgendwie nach der Sonne orientiere. Man muß schon einen verschmitzten Kunstgriff anwenden, den ein Schweizer Ameisenforscher in die Wissenschaft eingeführt hat: Man beschattet das Tier und läßt gleichzeitig durch einen Spiegel die Sonnenstrahlen von der entgegengesetzten Seite in sein Auge fallen. Dann erlebt man ein sehr anmutiges Schauspiel. Das Insekt hält einen Augenblick still, dann macht es auf der Hinterhand kehrt und läuft dieselbe Strecke zurück, die es soeben gekommen ist. Einen noch hübscheren Versuch ersann sich einer seiner Landsleute. Man sperrt eine Ameise, die sich auf dem Wege zu ihrem Nest befindet, ein Stündchen in eine dunkle Schachtel. Nimmt man sie wieder heraus, so geht sie nicht ihren alten Weg weiter, sondern einen neuen, von jenem um den Winkel β abweichend, den die Sonne inzwischen durchmessen hat (Abb. 26). Man hat diese Art der Orientierung die Lichtkompaßorientierung genannt und mit ihr ein wichtiges Lebensgeheimnis der Kleintierwelt enträtselt. Sogleich erhebt sich aber eine weitere Frage: Warum ist es denn eigentlich so wichtig für ein Tier, das heimatlos in der unendlichen Welt umherläuft, daß es geradeaus läuft? Bei der Ameise liegen die Dinge ja anders; sie will zu ihrem Nest; aber der Laufkäfer oder irgendein anderer seiner Sippe will ja an keinen bestimmten Ort: Ihr Feld ist die Welt! Glücklicherweise sind wir nun aber der

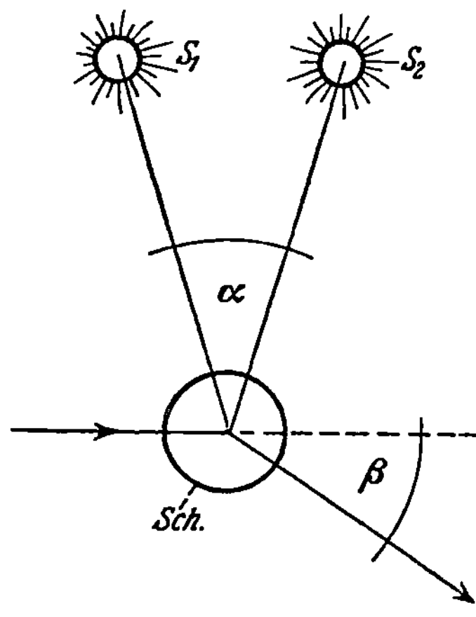

Abb. 26. Lichtkompaßbewegung. Schachtelversuch von Brun. $\alpha = \beta$.

Mühe enthoben, uns allzuviel Gedanken über dieses eigenartige Problem zu machen, denn Goethe, obgleich er zwar die Lichtkompaßorientierung nicht kannte, fand schon mit Seherblick die Lösung. Im Faust läßt er Mephisto das folgende sprechen:

> „Ich sag' es dir, ein Kerl, der spekuliert,
> Ist wie ein Tier auf dürrer Heide,
> Von einem bösen Geist im Kreis herumgeführt,
> Und rings herum liegt schöne grüne Weide."

Übersetzt man dies Dichterwort ins Triviale des Käferlebens, so heißt es: „Wenn du dort, wo du bist, nichts zu fressen findest, so wirst du bestimmt verhungern, wenn du im Kreise herumläufst. Du mußt *geradeaus* laufen, willst du neue Nahrung finden." Diesen Merkspruch hat die Natur allem kleinen Getier mit auf den Weg gegeben, und ihm folgt es mit untrüglichem Instinkt.

Es kann nun leicht vorkommen, daß solch ein Käfer, der in bestimmter Richtung zur Sonne marschiert, aus irgendeinem Grunde seine Orientierung verliert. Er fällt etwa in ein Wagengleis, und wenn er endlich die steile Sandböschung wieder hinaufgekrabbelt ist, dann merkt er, daß er ganz falsch zur Sonne steht, sie scheint vielleicht jetzt von links in sein Auge, während sie vorher von rechts kam. Es gibt wenig überzeugendere Beispiele von der unendlichen Liebe, mit der die Natur gerade ihre Kleinsten bedacht hat, als dies hier. Bei der Konstruktion des Gehirns ist jede Situation vorausbedacht worden, in die das Tier jemals kommen könnte. Es kann zur Sonne stehen, wie es will, stets findet es in kürzester Winkeldrehung wieder in seine alte Stellung zum Licht zurück.

Nehmen wir also an, das Tier wäre zu Anfang so gelaufen, daß das Licht gerade von der Seite in sein linkes Auge fiel, und befände sich nachher so, daß das rechte Auge schräg von vorn die Sonnenstrahlen empfängt, so kann man zehn gegen eins wetten, daß sich der Mistkäfer rechtsherum drehen wird. Er dreht sich um 135 Grad und hat dann seine alte, gewohnte Stellung zum Licht wieder inne. Trifft

aber das Licht das rechte Auge schräg von hinten, so ist
mit großer Sicherheit zu erwarten, daß sich das Tier links-
herum dreht (Abb. 27).

Die Lichtkompaßorientierung ist aber nicht die einzige
Form des Richtungssehens, die wir kennen.

Die Phototaxis. Wenn man im Krankenzimmer so müde
vor sich hindämmert, oder wenn man im Wartezimmer
irgendeines Gewaltigen zum nichtstuerischen Grübeln verurteilt ist, so überrascht man sich wohl dabei, daß das Auge

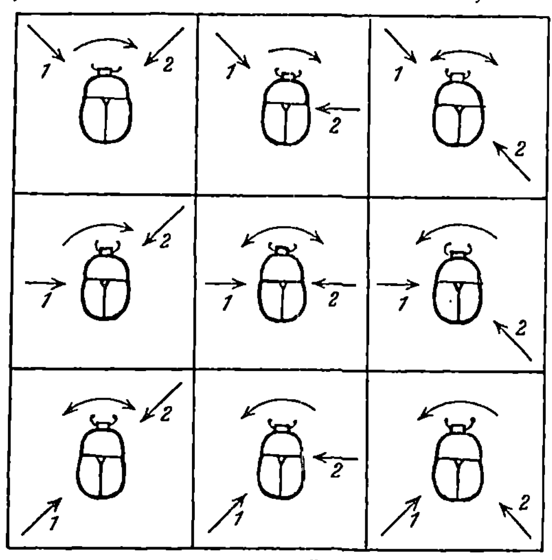

Abb. 27. Reaktion des Mistkäfers auf Änderung der Lichtrichtung. Das
Licht 1 wird durch das Licht 2 ersetzt. Der Pfeil gibt den Drehsinn der
Bewegung an, durch welche der Käfer seine ursprüngliche Beziehung zum
Lichte wiedergewinnt.

mit magischem Zwange nach der Deckenlampe starrt, die
den Raum erhellt. Es ist dies, wie es scheint, der Rest einer
uralten Gewohnheit, die bei den niederen Tieren in weitestem
Maße verbreitet ist und daselbst Phototaxis oder Photo-
tropismus genannt wird.

Die Phototaxis äußert sich darin, daß das Tier, wenn sich
ihm eine deutliche Lichtquelle bietet, die Sonne, der Himmel
oder eine Glühlampe etwa, sich auf diese zudreht und dann
meist geraden Laufs auf das Licht zuläuft, schwimmt oder

fliegt. Sie kann auch mit umgekehrtem Vorzeichen auftreten und bewirken, daß das Tier vor dem Lichte Reißaus
nimmt und geradlinig von ihm wegstrebt. Was ist der Sinn
dieser Erscheinung? Sicher ist zunächst, daß die Lichtquelle
selbst für kein Lebewesen ein begehrenswertes Ziel ist. Alle
Tiere sind erdgebundene Geschöpfe, der Flug zur Sonne
würde keinem von ihnen nützlicher sein, als er es dem
Dädalus gewesen ist. Das Licht ist nur ein Wegweiser,
es zwingt das phototaktische Tier von dort, wo es gerade
ist, sich dem Lichte zu nähern. Mehr kann man im allgemeinen hierüber nicht sagen, erst der einzelne Fall klärt darüber
auf, welchen Nutzen das Tier von sei-
nem Verlangen zum Licht hat. Wir
wollen uns also im folgenden zunächst
einige Beispiele hiervon etwas näher
ansehen.

Auf dem Grunde des Meeres, in-
mitten von Seegras und allerlei Tang,
sitzt der kleine Krebs Balanus, festgewachsen auf dem Rücken einer fetten
schwarzen Miesmuschel. Es ist Frühling und vor kurzem Paarungszeit gewesen, und daher beherbergt der Krebs
unter seiner schützenden Schale eine
Masse kleiner Nachkommen, Nauplius-
larven genannt, die nunmehr bereit

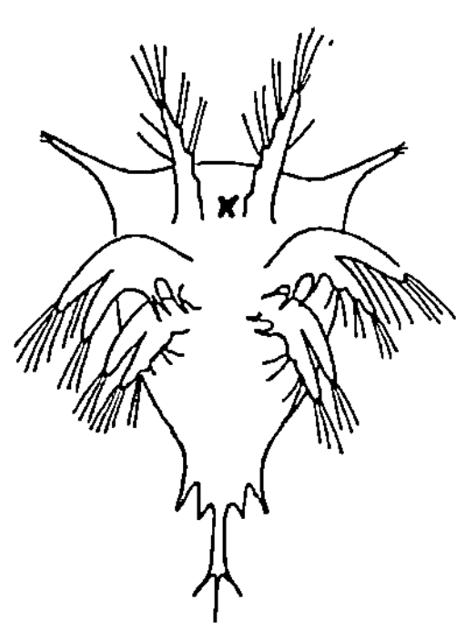

Abb. 28. Ältere Nauplius-
larve des festgewachsenen
Krebses Balanus.

sind zum ersten Schritt in die große Welt. Es sind winzige
Geschöpfe mit sechs starken, borstigen Beinen (Abb. 28).
Ganz vorn am Kopf tragen sie wie die Zyklopen der Sage
ein unpaares Auge. Sobald sie dem mütterlichen Schutze
entronnen sind, streben sie mit ungestümem Drange dem
Lichte zu. Nun ist es mit der Richtung des Lichtes im
Wasser etwas anders bestellt als auf dem Lande. Das
Sonnenlicht kann nur unter ziemlich steilem Winkel ins
Wasser dringen. Die Abend- und Morgensonne kann ihre
schrägen Strahlen nicht in das nasse Element gelangen lassen,
denn die spiegelnde Oberfläche schickt alles Licht wieder in
die Luft zurück. Das Licht kommt also im Wasser prak-

tisch immer von oben. So kommt es, daß die kleinen Balanus-
larven und unzähliges andere Getier: Wurmlarven, Muschel-
und Schneckenlarven vom Grunde hoch nach oben ins freie
Wasser schwimmen. Hier verteilen sie sich, das eine geht
hier-, das andere dorthin, wie es die Strömung und die Wellen
bedingen, und so sind die Kinder einer Mutter nach kurzer
Zeit über eine große Meeresfläche in alle vier Winde verteilt. Nach einiger Zeit behagt ihnen das Schwimmen zum
Licht nicht mehr, sie lassen sich zu Boden sinken und
suchen sich auf dem Meeresgrunde ein stilles und beschau-
liches Plätzchen aus, auf dem sie, festwachsend, das übrige
Leben verbringen werden. Durch die Phototaxis wird es
also in diesem Falle verhindert, daß alle Nachkommen

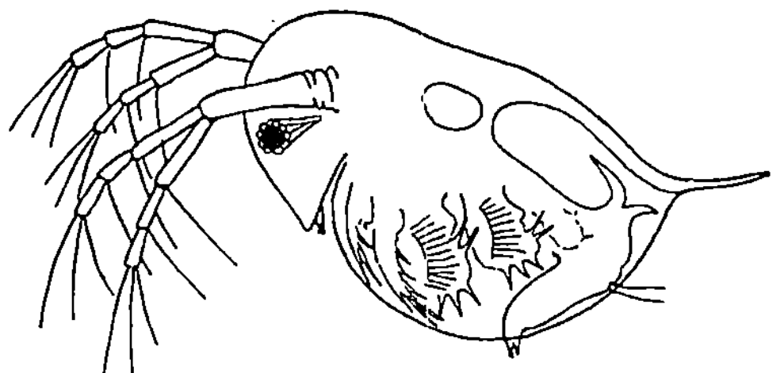

Abb. 29. Wasserfloh.

auf einem Klumpen bei der Mutter bleiben, in ihrer nächsten
Nähe sich ansiedeln und sich gegenseitig die schärfste
Konkurrenz machen.

Der Laie wird diese Dinge nie beobachten können, aber
in dem jetzt zu beschreibenden Falle kann sich ein jeder
selbst den Spaß machen, Phototaxis hervorzurufen. Nötig
hierzu ist nur ein großes Glasgefäß, eine Flasche Selterwasser und eine Handvoll Wasserflöhe, wie man sie von
jeder Aquarienhandlung bekommt (Abb. 29). Der Wasserfloh (Daphnia) ist auch ein kleiner Krebs. Er tummelt sich
in der warmen Jahreszeit in ungeheuren Mengen in unseren
Tümpeln und Teichen, aber daß er eine besondere Vorliebe
für das Licht hat, kann man so ohne weiteres nicht sehen.
Gießt man aber in das Glas, in dem einige tausend Wasserflöhe kreuz und quer durcheinanderschwimmen, einen Schuß

Selterwasser hinein, so ist mit einem Schlage alles verändert.
Jetzt hat jeder Wasserfloh nur ein einziges Begehren: das
Licht, und so schwimmen sie in dichten Scharen aufs Fenster
zu und sammeln sich an der Fensterseite ihres Gefäßes, un-
aufhörlich mit dem Kopf gegen das harte Glas stoßend. Es
ist leicht zu beweisen, daß dieser sehr drastische Erfolg
auf Rechnung der Kohlensäure zu setzen ist, die sich im
Selterwasser befindet; sie macht, wie man es kurz sagt,
den Wasserfloh positiv phototaktisch. Hierdurch offenbart
sich uns aber ein interessantes Wechselspiel verschiedener
Sinne. Die Kohlensäure stellt einen chemischen Reiz dar, sie
wird durch chemische Sinnesorgane wahrgenommen und
dem Gehirn gemeldet. Auf diese Meldung hin tritt im Nervensystem eine Art Umschaltung ein. Der Augenapparat,
der vorher zu anderen Zwecken diente, wird jetzt auf Phototaxis umgestellt, und sogleich sehen wir den Effekt. Im Labo-
ratoriumsglas ist die ganze Erscheinung für das Tier sinnlos.
Die Wasserflöhe sterben, durch die Kohlensäure vergiftet,
wenn sie auch noch so sehr gegen die Lichtseite ihres glä-
sernen Gefängnisses stoßen. Der tiefe Sinn des ganzen so
komplizierten Mechanismus zeigt sich einem erst, wenn man
sich vorstellt, wie es in der freien Natur zugeht. Am Grunde
unserer Tümpel spielen sich stets allerlei Verwesungsprozesse
ab. Sterbende Tiere sinken zum Grunde nieder, Blätter ver-
faulen daselbst, die der Wind ins Wasser wehte. Aus all
solchen faulenden Stoffen entwickelt sich im reichsten Maße
die Kohlensäure und verpestet das Wasser. Es gilt also für
den Wasserfloh, solche Stellen zu meiden. Da nun das Licht
stets von oben ins Wasser fällt, bietet die Phototaxis ein
einfaches Mittel hierzu. Sie leitet mit sicherer Hand das ihr
anvertraute Tier aus dem vergifteten Wasser am Grunde der
Oberfläche zu.

Man kann die Phototaxis auch bei manchen uns eng ver-
trauten Hausgenossen studieren und dabei sogar etwas für
das tägliche Leben lernen. Niemand liebt die dicke Schmeißfliege, die gern frühmorgens durchs offene Fenster in unser
Schlafzimmer kommt und uns mit unerträglichem Gebrumm
den süßen Morgenschlummer raubt. Wie vertreibt man den

Störenfried? Fangen läßt sie sich nicht so leicht, aber wenn man die Phototaxis zu Hilfe ruft, ist es eins, zwei, drei geschehen. Man nimmt ein Handtuch oder sonst einen großen Gegenstand und scheucht die Fliege damit im Zimmer herum. In ihrem geängsteten Gemüt erwacht dann die Phototaxis, sie fliegt dem hellen Fenster zu und entweicht ins Freie.

Aus diesen drei Beispielen können wir uns nun ein etwas konkreteres Bild vom Wesen der Phototaxis machen. In jedem Falle befreit sie das Tier aus einer ihm unbequemen Lage und bringt es an einen besseren Ort. Warum die Lage, in welcher die Phototaxis auftritt, dem Tiere lästig ist, dies kann nur von Fall zu Fall entschieden werden. Einmal ist es der Vergiftungstod, der dem Tiere droht, ein andermal die Gefahr des Erstickens, des Getötetwerdens usw. Der Weg zum Licht ist stets nur ein Mittel, vom Tier selbst unverstanden. Aber ebenso wie die Mutter das Kind durch ein Zuckerstück bewegt, dorthin zu kommen, wo sie es gern haben möchte, so leitet Mutter Natur das kleine Getier mit Hilfe des Lichts aus Gefahr und Not.

So fremd uns das Richtungssehen auch anmutet, so ist es doch eine Leistung, die wir auch mit unserem Auge leicht ausführen könnten. Dagegen ist uns der Hautlichtsinn, d. h. die Fähigkeit, mit der ganzen Haut oder doch großen Teilen von ihr Licht wahrzunehmen, im Grunde etwas Unfaßbares. Und doch gibt es eine ganze Reihe von Tieren in den allerverschiedensten Tierklassen, die nur auf diese Weise mit dem Lichte Bekanntschaft machen. Sie haben gar keine Augen, aber überall in der Haut verstreut, wie unsere Wärme- oder Schmerzpunkte, sitzen besonders gestaltete Lichtsinneszellen. Sehen in unserem Sinne kann solch ein Tier überhaupt nicht. Vorausgesetzt, daß es etwas empfindet, wird es das Licht wahrscheinlich in ähnlicher Weise merken wie wir die Wärme.

Der Hautlichtsinn. Sicher dagegen ist es, daß der Hautlichtsinn reflektorische Bewegungen verursachen kann. Die komplizierteste unter ihnen ist die Bewegung auf das Licht zu oder von ihm weg, die also biologisch durchaus zur Phototaxis gehört. Wie so etwas vor sich geht, kann man sich sehr leicht am Wärmesinn klar machen. Niemandem würde es schwerfallen, im Finstern einen heißen Ofen zu finden oder den Eingang zu einem kalten Keller. Sobald man in die Nähe des Kälte ausstrahlenden Gegenstandes gelangt, fühlt man, daß kalte Luft die rechte Hand und die rechte Wange trifft, während die linke Seite nichts derartiges empfindet. Man braucht jetzt nur eine Drehung auszuführen, bis man die Kälte von vorn bekommt, und ist dann sicher, daß man die Kelleröffnung vor sich hat. In derselben Weise kann der lichtscheue Regenwurm die Helligkeit meiden. Erhält er das Licht von der rechten Seite, so liegt die linke im Schatten des Körpers; eine rasch ausgeführte Drehung bedingt es, daß das Licht den hinteren Körperpol bescheint, und in dieser Haltung braucht das Tier nur geradeaus zu kriechen, um aus der Sphäre des Lichts und mit einiger Wahrscheinlichkeit wieder ins Dunkle zu kommen.

Eine derartige zum Licht gerichtete Bewegung kann ein Tier allerdings nur zustande bringen, wenn es einen Leib besitzt, der in eine rechte und eine linke Hälfte zerfällt, so daß es merkt, ob beide Hälften ungleich oder gleich belichtet sind. Dies gilt nun freilich für das allermeiste Getier, aber unter den Allerkleinsten, den Einzelligen, sind die meisten total unsymmetrisch gebaut. Trotzdem sind viele von ihnen, wie das bekannte Trompetentierchen, sehr wohl imstand, dunkle, wenig beschienene Wasserstellen aufzusuchen oder, wie das grüne Pantoffeltierchen (Paramaecium bursaria), ins Helle zu finden. Der Kniff, den sie anwenden, ist einfach. Wenn sie beim regellosen Umherschwimmen zufällig an die Schattengrenze kommen und mit dem besonders empfindlichen Vorderende ins Licht geraten, fahren sie schleunigst zurück, als hätten sie einen Schrecken bekommen, dann drehen sie sich ein wenig, ändern also die Richtung und versuchen ihr Glück noch einmal. Das kann drei- bis viermal gehen, so lange, bis sie endlich nach erneuter Drehung beim weiteren Vorschwimmen im Schatten bleiben. Man hat diese Methode als die des Versuchs und Irrtums ziemlich treffend bezeichnet.

Die hier genannten Fälle gehören zu den wenigen, in denen das Licht um seiner selbst willen gemieden oder aufgesucht

wird. Der Regenwurm ist ein Feind des Lichts, weil es meist
Wärme und Trockenheit mit sich bringt, er aber liebt die
Kühle und Feuchtigkeit. Das grüne Paramaecium sucht dagegen das Licht auf, weil nur in ihm die vielen grünen
Algenzellen, die es in seinem Körper mit sich trägt, um von
ihnen ernährt zu werden, wachsen und gedeihen können.

Der Hautlichtsinn dient aber durchaus nicht immer zum
Aufsuchen des besten „Lichtmilieus". Trotz seiner großen
Primitivität vermag er dem Tiere doch eine gewisse *Kenntnis
der Umwelt* zu vermitteln. Der Röhrenwurm (vgl. Abb. 9) birgt
zwar seinen zarten Leib in der sicheren Burg seiner Kalkröhre,
aber sein vielfach gefiedertes Köpfchen ragt schutzlos und
jedem Angriff preisgegeben ins freie Wasser. Er muß also
ständig auf der Hut sein, damit ihm nicht plötzlich ein
Fisch mit einem Biß den Kopf mit sämtlichen Tentakeln
verspeist. Wenn er Augen hätte, wäre die Sache leicht, aber
er hat nur einen Hautlichtsinn, und seine Tentakeln sind
außerdem für alle Vibrationen äußerst empfindlich. Mit
diesen beiden Mitteln vermag er sich zu helfen. Kommt der
Fisch von der Schattenseite, so merkt er ihn an der unvermeidlichen Wasserbewegung, kommt er aber von der Sonnenseite her, so wirft er außerdem, bevor er zubeißt, auf seine
Beute einen Schatten, und dies genügt, um den Wurm mit
blitzartiger Geschwindigkeit in seiner Röhre verschwinden
zu lassen. Der Schatten ist also für viele solche Tiere ein
sehr wichtiges Alarmsignal. Wenn er plötzlich daherkommt,
kann er nicht von einer vorüberziehenden Wolke herrühren,
auch kann es nicht der Schatten eines ganz kleinen Tieres
sein, wenn eine größere Hautfläche oder viele Tentakeln auf
einmal beschattet werden. Also bedeutet er, daß irgendein
großer Herr sich naht, mit dem wahrscheinlich nicht gut
Kirschen essen ist, und darum heißt es, sei auf der Hut!
Es gibt nun freilich auch viele Friedfische, die nichts Böses
im Schilde führen, aber da er seine wirklichen Feinde nicht
zu erkennen vermag, muß der Wurm schon jeder *möglichen*
Gefahr aus dem Wege gehen. Diese sehr einfache Lebensphilosophie beherrscht das Verhalten sehr vieler niederer
Tiere. Ein jeder macht es auf seine Art. Die Muschel, die

beschattet wird, klappt schleunigst ihre Schalen zu; die
Schnecke zieht ihre Fühlhörner ein, die Mückenlarve aber,
die gerade dabei war, sich neue Luft am Wasserspiegel zu
holen, eilt nach Beschattung mit zappelnder Bewegung in
die Tiefe. Allen diesen Tieren kann man dagegen gar nicht
imponieren, wenn man sie plötzlich mit tausend Kerzen
belichtet. Ein Mehr an Licht kann in ihrem Leben nichts
Aufregendes bedeuten.

Anders ist dies bei einem scheuen
Bewohner unserer sandigen Mee-
resküsten. Der Wanderer in der
Ebbe, der sich die Mühe nimmt,
einmal den Sand zu seinen Füßen
zu betrachten, wird an geeigneten
Stellen viele merkwürdige Achter-
stellen sehen, d. h. zwei schwarze
Löcher, die durch eine kurze
Brücke miteinander verbunden sind.
Es ist dies die von oben gesehene
Wohnröhre der weißen Sandmuschel, Mya arenaria, die in
Amerika gern gegessen wird. Einen
idealen Schnitt durch ihre Behau-
sung zeigt das beistehende Bild-
chen (Abb. 3o). Man sieht den
Fuß, der das tiefe Loch gegraben
hat, die Schale und über ihr, bis
zum freien Wasser reichend, das

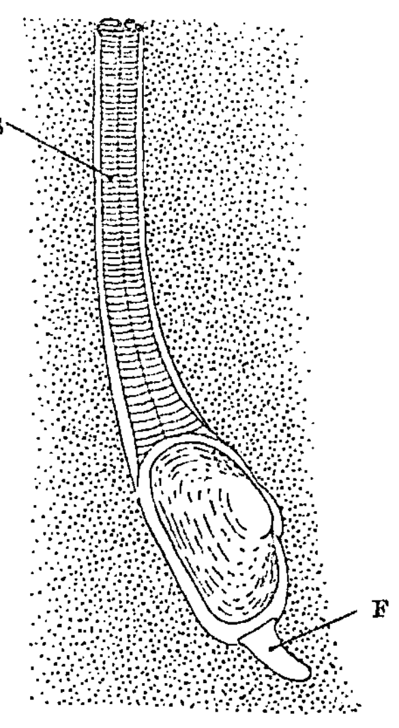

Abb. 30. Sandmuschel Mya
arenaria. F Fuß, S Siphonen.

Siphonenpaar: zwei lange, verwachsene hohle Schläuche,
deren offene Enden die Acht ausfüllen, die wir soeben
sahen. Der eine Sipho schlürft fortwährend Wasser in
sich hinein und mit ihm Tausende von winzigen Algen
und andere für Muscheln genießbare Dinge, der andere
wirft das verbrauchte Wasser wieder hinaus. Diese Siphonen
sind nun schön fleischig und für jeden Raubfisch ein wahr-
hafter Leckerbissen. Würden sie über den schützenden Sand
hinaus ein Stück frei ins Wasser ragen, so wäre es bald
um sie geschehen. Daß dies jemals eintritt, verhindert aber

der Hautlichtsinn. Sobald die lichtempfindlichen Spitzen der Siphonen vom hellen Tageslichte oder gar von der Sonne getroffen werden, alarmieren die überall verteilten Lichtsinneszellen das Nervensystem, und schon nach wenigen Sekunden werden die allzu neugierigen in die Tiefe des schützenden Sandes zurückgeholt.

2. Vom Farbensinn.

Die überragende Stellung, die der Farbensinn unter den menschlichen Sinnen einnimmt, geht aus nichts deutlicher hervor als aus dem Interesse, das gerade die größten Geister der verschiedensten Zeiten diesen Problemen entgegengebracht haben. Leonardo da Vinci, Newton, Goethe, Helmholtz haben sich in die Netze der Farbenlehre verstrickt, und auch aus der jüngeren Zeit lassen sich eine Reihe bedeutender Männer wie O s t w a l d und H e r i n g namhaft machen, denen es die bunte Welt der Farben angetan hat. Ganz aber ist es keinem dieser Großen gelungen, den Schleier zu lüften, und es wird wohl noch recht lange dauern, bis wir zu einem wirklichen wissenschaftlichen Verständnis unseres Farbensehens gelangt sind.

Aus diesem Grunde soll es auch in den nachfolgenden Zeilen keineswegs versucht werden, eine gelehrte Abhandlung unseres derzeitigen Wissens zu liefern. Wir wollen über den Farbensinn nur ein wenig plaudern.

Ganz interessant ist es, einmal Schall und Licht miteinander zu vergleichen. Es gibt in der Natur tausend und abertausend Schallquellen: Die Tierstimmen, der Wind, das murmelnde Bächlein, der Schritt, aber es gibt in ihr nur eine einzige natürliche Lichtquelle, die Sonne[1]. Der Gehörsinn der Tiere ist dementsprechend sehr oft auf eine bestimmte Schallquelle eingestellt, aber der Licht- und Farbensinn aller Wesen kann gleichmäßig als eine Anpassung an die nun einmal gegebenen Bedingungen des Sonnenlichts betrachtet werden, die über Gerechte und Ungerechte scheint.

Das Sonnenlicht ist nun für sich allein betrachtet bekanntlich weiß, unfarbig. Daß es Farben auf Erden gibt, liegt also nicht an der Sonne, sondern an einer sehr merk-

86

würdigen zweiten Tatsache. Die meisten Gegenstände, die
uns umgeben, haben die Eigenschaft, gewisse Strahlen in sich
aufzusaugen, zu absorbieren, andere dagegen nicht in ihr
Inneres hineinzulassen, sondern zu reflektieren. Darauf beruht ihre Farbigkeit. Die Mohnblüte ist rot, weil sie alles
andere Licht verschluckt: das gelbe, grüne, blaue und violette.
Vom roten Licht dagegen will sie nichts wissen, sie wirft
es zurück, so daß es in unser Auge gelangt. Diese Tatsachen
sind uns von frühester Jugend her geläufig, und daher
erscheinen sie uns selbstverständlich. In Wirklichkeit sind
sie alles andere als dies. Physik und Chemie können uns
auch bis heute diese Zusammenhänge noch nicht hinlänglich
erklären. Daß der Schwefel gelb, der Zinnober rot und die
Kohle schwarz ist, muß man ganz einfach auswendig lernen,
ebenso wie die Jahreszahl der Schlacht bei Issus oder irgendeiner anderen historischen Begebenheit. Aus diesem absonderlichen Verhalten der Gegenstände den Sonnenstrahlen
gegenüber ergibt sich aber erst die Möglichkeit eines praktisch wirksamen Farbensinns. Denn wenn ein Organismus
es lernt, verschiedenfarbiges Licht, oder wie der Physiker
sagt, Licht von verschiedener Wellenlänge zu unterscheiden,
so hat er damit eine neue und weitreichende Fähigkeit gewonnen, die Dinge, die verschiedenes Licht reflektieren, auseinanderzuhalten.
Was dies für den Organismus besagen will, wird einem
am deutlichsten offenbar, wenn man an die Farben der belebten Natur denkt. Sie sind ja überhaupt die vorherrschenden. In der Steinwüste unserer Städte fallen sie freilich
weniger ins Gewicht, aber in der freien Natur gehört das
allermeiste, was das Auge an Farben zu sehen bekommt, dem
lebendigen Kleide der Mutter Erde an. Das ehrfürchtigste
Alter unter ihnen hat das Blattgrün. Die Natur schuf es,
damit das Blatt, welches des Sonnenlichtes als einer unentbehrlichen Nahrung bedarf, die Sonnenstrahlen so gut ausnützt, wie es nur eben möglich ist. Erst viel später kam die
Blume. Sie wollte gesehen werden und kleidete sich daher in
Farben, die vom Blattgrün leuchtend sich abheben: Blau,
Gelb, Rot, Weiß. Ihre Pracht ist aber nicht um unseret-

willen entstanden, sondern zum Gefallen der Bienen, Schmetterlinge und anderer fleißiger Insekten, denen die Natur die Aufgabe erteilt hat, die Blumen zu befruchten. So sind Blumen und Insekten, die eine der engsten Lebensgemeinschaften darstellen, die wir kennen, gewissermaßen aneinander emporgewachsen. Und daher ist der Farbensinn der Insekten in seiner Einfachheit und biologischen Klarheit am besten geeignet, uns in dieses ganze Gebiet einzuführen. Beginnen wir mit den Schmetterlingen.

Der Farbensinn der niederen Tiere. Den Farbensinn eines Tagfalters kann man sehr leicht studieren, wenn man einem solchen Tierchen, etwa einem Fuchs oder einem Pfauenauge, auf grauem Grunde zahlreiche bunte Papierblumen bietet: rote, gelbe, grüne, blaue, violette, und dann einfach zählt, wie oft jede einzelne Blume von dem Falter besucht wird. Es gelingt dieser hübsche Versuch mit jedem frisch aus der Puppe geschlüpften Tier, das mit neuen Sinnen eine ihm neue Welt betrachtet. Es braucht nichts zu lernen; alles, was es zu seinem einfachen und so kurzen Leben zu wissen und zu können braucht, bringt es fix und fertig mit, wenn es dem engen Gefängnis seiner Puppenhülle entschlüpft. So auch seine Vorliebe für die bunte Farbe. Sobald die erst weichen Flügel gestreckt und gehärtet sind und den ersten Flug in die sonnige Welt erlauben, wird dem Falter die Farbe zum Magnet. In kreisendem Fluge nähert er sich der Blume, und endlich fliegt er aus mehreren Metern Entfernung gradlinig auf sie zu. Eine Zählung der Anflüge der bunten Papierblumen ergibt nun ein sehr beachtenswertes Bild. Sehen wir uns erst mal den kleinen Fuchs an (Abb. 31). Die allermeisten seiner Anflüge gelten den gelben und den blauen Papierblumen, im Roten, Gelbgrünen und Violetten gibt es nur sehr spärliche Besuche, im Grün sogut wie gar keine. Was das Tier bei diesen Anflügen empfindet, also „sieht", können wir natürlich nicht wissen, aber man könnte sich sehr gut vorstellen, daß er in den Bezirken 4 und 13 ein prächtiges sattes Gelb bzw. Blau wahrnimmt, daß sich an den Flanken dieser beiden Gipfel die gleichen Farben abgeschwächt und stark mit Grau verhüllt seinem Auge darbieten,

und daß endlich das in der Mitte gelegene Feld eines Grün
ihm von Grau nicht unterscheidbar ist. Man sieht, in wie
außerordentlichem Maße der Farbensinn eines solchen Insekts seiner ganz speziellen Aufgabe angepaßt ist, die bunten
Blumen aus dem sie umgebenden Grün der Blätter herauszufinden. Sie müssen ihm viel auffallender erscheinen als uns,
die wir das Grün als eine selbständige, saftige Farbe wahrnehmen. Der Farbensinn des kleinen Fuchses ist die einfachste Form eines solchen, die
man sich überhaupt vorstellen
kann. Das Tier unterscheidet
dreierlei: Gelb, Blau und Weiß
= Gelb + Blau. Etwas noch Einfacheres ist undenkbar. Soll sich
das farbige Licht vom Sonnenmischlicht unterscheiden, so muß
in diesem neben ihm ein zweites
farbiges sein, das ihm das Gleichgewicht hält, so daß sie einander in ihrer Wirkung aufheben:
die Gegen- oder Komplementärfarbe. So gelangen wir ganz von
selbst, ohne jede Theorie, zu
der Vorstellung, die der große
Physiologe Hering in seiner
Theorie der Gegenfarben für den
Menschen entwickelt hat.

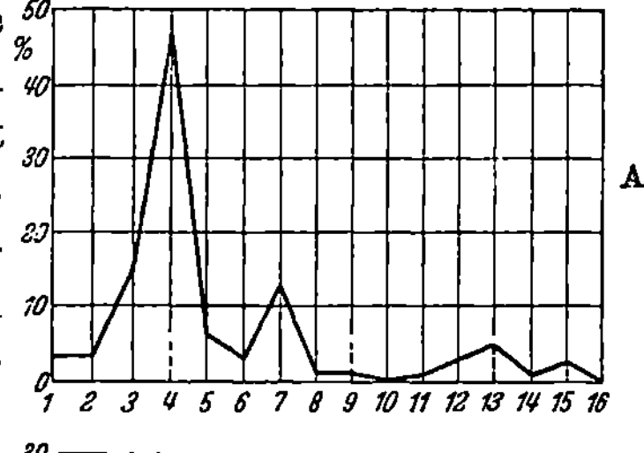

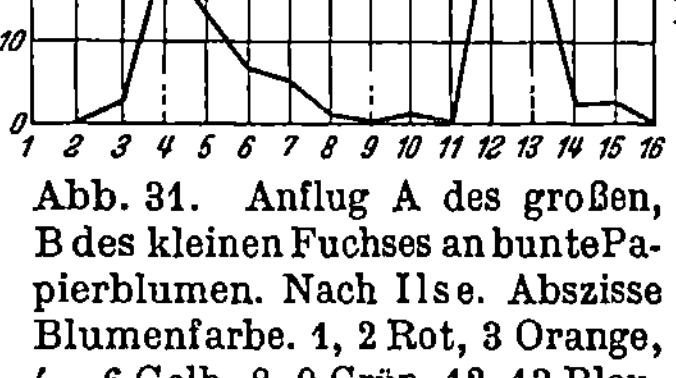

Abb. 31. Anflug A des großen,
B des kleinen Fuchses an bunte Papierblumen. Nach Ilse. Abszisse
Blumenfarbe. 1, 2 Rot, 3 Orange,
4—6 Gelb, 8, 9 Grün, 12, 13 Blau,
15 Purpur. Ordinate Proz. der
Anflüge zu den einzelnen Farben.

Die anderen Insekten lehren uns sehr schön, wie sich von
diesem primitivsten Anfang aus der Farbensinn weiterentwickelt hat. Es kann gar nicht anders sein, als daß die beiden primären Farbgruppen kurzwellig und langwellig eine
weitere Unterteilung erfahren. So ergibt die Kurve für den
großen Fuchs sehr deutlich vier Gipfel 4, 7, 13 und 15, entsprechend den Farben Gelb, Gelbgrün, Blau und Purpur.
Wir werden mit einiger Wahrscheinlichkeit annehmen dürfen, daß für ihn Gelb und Blau sowie Gelbgrün und Purpur
zwei Paare komplementärer Farben bilden, die sich gegenseitig zu Weiß ergänzen. Einen Augenblick müssen wir

noch bei den Bienen verweilen, über deren Farbensinn wir
besonders gut Bescheid wissen. Sie erheben sich nicht
wesentlich über den großen Fuchs, denn auch sie unterschei-
scheiden, wie es scheint, nur 4 Farbqualitäten. Der ganze
Wellenbezirk, der für unser Auge Rot, Gelb und Grün umfaßt, erweckt im Gehirn der Biene anscheinend eine einheitliche Empfindung. Man ist daher nicht in der Lage, eine
Biene nur auf eine dieser drei Farben zu dressieren; eine auf
Gelb dressierte Biene fliegt auch das Rot oder das Grün an,
wenn es nur hell genug beleuchtet ist. Ein zweiter einheit-
licher Bezirk umfaßt nur die schmale Zone zwischen 500 und
480 $\mu\mu$, also etwa unser Blaugrün, eine dritte, viel breitere,
unser Blau und Violett, und endlich vermögen es die Bienen,
auch das uns unsichtbare Ultraviolett als eine besondere Farbe
zu erkennen, auf die sie sich vorzüglich dressieren lassen.

Ein sehr großer Sprung ist notwendig, wenn wir von den
Insekten zu den Wirbeltieren gelangen wollen. Alle Wirbeltiere haben, soweit sie überhaupt farbentüchtig sind, anscheinend einen Farbensinn, der dem des Menschen sehr
ähnlich ist. Schon die Fische zeigen ein genau so fein nuan-
ciertes Farbenunterscheidungsvermögen wie der Mensch, das
Sonnenspektrum enthält auch für sie alle Regenbogenfarben
in ihrer vollen Buntheit. Ein Fisch kann daher im Gegensatz
zu einer Biene auch auf Orange, auf Gelbgrün, Blauviolett
usw. dressiert werden. Er unterscheidet die Dressurfarbe
haarscharf von den dicht benachbarten. Eine Folge dieser
Aufsplitterung des Spektrum in viele getrennte Farben ist
das Hervortreten sehr zahlreicher komplementärer Farbpaare, deren man beim Menschen eine fast beliebige Zahl
konstatieren kann.

Die Komplementärfarben. Wir müssen uns aber jetzt noch
einmal etwas ernsthafter mit dem Problem der komplementären Farben auseinandersetzen, von denen wir schon so oft
geredet haben. An ihrer Existenz bei Mensch und Tier ist
nicht zu zweifeln. Der Wasserfloh zum Beispiel reagiert
unter gewissen Umständen auf kurzwelliges Licht mit Flucht
vom Licht, auf langwelliges Licht mit Hinzuschwimmen zum
Licht, während ihm weißes Mischlicht gleichgültig ist. Es

ist also hier und in vielen anderen Fällen gar nicht zu leugnen, daß beide Lichtsorten einen entgegengesetzten Effekt haben und einander in ihrer spezifischen Wirkung aufheben. Bei uns selbst beobachten wir das gleiche: Indigoblau und Gelb vernichten sich, zugleich gesehen, gegenseitig, und es gibt für unser Auge eine große Menge solcher Farbpaare, die zusammen den Eindruck eines indifferenten farblosen Lichtes ergeben, so leuchtend jede für sich allein uns auch erscheinen mag, z. B. Blaugrün und Rot, Grüngelb und Violett und viele andere. Wie kann man nun diese für den Farbensinn aller Organismen so bedeutsame Erscheinung erklären? Der Physiker kann mit den komplementären Farben nichts Rechtes anfangen, für ihn bleibt es unverständlich, warum gerade Licht von der Wellenlänge 591 $\mu\mu$ und solches von 490 $\mu\mu$ einander antagonistisch sein sollen. Aber die Chemie führt uns hier ein wenig weiter. Sie macht uns mit einigen Stoffen bekannt, auf welche kurzwelliges und langwelliges Licht eine antagonistische Wirkung haben. Die Oxydation von Natriumsulfat wird z. B. durch violettes Licht verzögert, durch rotgelbes beschleunigt, um nur ein besonders einfaches Beispiel zu nennen.

Wenn man also annimmt, daß es in unseren Sehzellen photosensitive Stoffe gibt, die ähnliche Eigenschaften wie das Natriumsulfat besitzen, so kann man den ganzen Prozeß der komplementären Farben in sie hinein verlegen. Diesen Weg ging Hering, der in seiner berühmten Theorie der einen Lichtart „assimilatorische“, der anderen „dissimilatorische“ Wirkungen zuschrieb, was soviel heißen soll, daß der Stoffwechsel der Lichtsinnzelle durch beiderlei Lichtarten in entgegengesetztem Sinne beeinflußt werden soll. Obgleich man über diese Dinge sehr viel geschrieben und diskutiert hat, vergaß man anscheinend, daß letzten Endes doch alles auf die völlig rätselhaften Vorgänge in unseren Gehirnzellen ankommt. In ihnen entstehen doch unsere Empfindungen; hier und nicht in den Sinneszellen muß notwendigerweise je nach der Art der Erregung der Eindruck Blau oder Gelb oder der „komplementäre“ Eindruck Weiß entstehen. Wie dies vor sich geht, werden wir wahrscheinlich niemals erfahren, aber daß es wirklich so ist, davon können wir uns am eigenen Leibe sehr leicht überzeugen. Wer die Gesetze der Farbmischung studieren will, wird meist so vorgehen, daß er zwei oder mehr bunte Strahlen auf die gleiche Netzhautfläche eines seiner Augen fallen läßt. Bei dieser Anordnung erfährt man aber nichts davon, ob die Farbempfindung in der Retina oder anderswo sich bildet. Es ist aber leicht, einen Kunstgriff anzuwenden, der darin besteht, daß man mit beiden Augen zugleich beobachtet. Man stellt ein weißes, gut beleuchtetes Tuch vor sich hin und sieht nun gegen diese helle Fläche mit dem linken Auge durch ein blaues Glas, mit dem rechten Auge durch ein gelbes. Jetzt ergibt sich etwas durchaus Ungeahntes: Beide so verschiedenen Eindrücke, die wir mit jedem Auge einzeln empfinden, vereinigen sich in unserem Gehirn zu einem reinen Weiß, das nichts mehr von den beiden Komponenten erkennen läßt, aus denen es aufgebaut. Die Frage nach dem Wesen der komplementären Farben nimmt also ein sehr merkwürdiges Ende. Indem wir erkennen, daß sich die Farben tief im Innern unseres Gehirns mischen, lernen wir zwar sehr viel hinzu, aber zugleich entschwindet jedwede Möglichkeit einer exakten physiko-chemischen Erklärung, und alles, was wir dem Experiment mit der leblosen Materie zu entnehmen glaubten, zergeht uns zwischen den Händen.

Das Studium unserer eigenen Empfindungen führt uns beim Farbensinn aber noch zu vielen anderen bedeutsamen Erkenntnissen. Es bereichert unser Wissen in unerhörter Weise und erhebt es turmhoch über alles, was wir bestenfalls und auf mühsamste Art vom Farbensinn der Tiere erfahren können, aber zugleich wachsen die Schwierigkeiten. Ebenso wie der in den Bergen Wandernde, wenn er den ersten Kamm erstiegen hat, neue und höhere Gebirge sich auftürmen sieht, die ihm den Blick versperren, so ist es der forschenden Menschheit auch hier ergangen. Je mehr wir durch rastloses Studium vieler der Klügsten vom Farbensinn des Menschen erfahren haben, um so mehr neue und verwickelte Probleme sind aus dieser tieferen Erkenntnis emporgewachsen.

Die vier Urfarben. Zunächst wollen wir uns einige Grundtatsachen einprägen. Betrachten wir ein Sonnenspektrum, das vom Rot bis zum Violett reicht, so fallen uns sofort vier „Urfarben" auf, die im Gegensatz zu den anderen den Eindruck des Reinen und Einheitlichen machen. Es sind dies Rot, Gelb, Grün und Blau. Alle Farbnuancen, die zwischen ihnen gelegen sind, tragen für unser Auge deutlich den Charakter der Mischung. Hierüber belehrt uns schon die Sprache, die jenseits von jeder Gelehrsamkeit intuitiv das Richtige fühlt. Wir sprechen von einem Rotgelb, einem Gelbgrün und einem Blaugrün. Dem Violett haben wir zwar einen eigenen Namen gegeben, er ist aber bezeichnenderweise einer Blume entlehnt, also ein abgeleiteter. Die Urfarben haben nichts mit den komplementären Farbpaaren zu tun, deren meiste nicht zu ihnen gehören.

Der Physiker will von unseren Grundfarben ebensowenig wissen wie von den Komplementärfarben. Alle Regenbogenfarben, die das Sonnenspektrum vor unser Auge zaubert, sind ihm gleich echt und ungemischt. Jede von ihnen hat eine besondere Wellenlänge, und alle diese Wellenlängen ordnen sich zu einer kontinuierlichen Reihe, in welcher es irgendwie bevorzugte Punkte nicht gibt. Wenn also die vier Urfarben in unserem Empfindungsleben vor allen anderen eine so hervorragende Sonderstellung beanspruchen, so muß dies in der Konstruktion unseres Sinnesapparates liegen, nicht in ihnen selbst. Dies heißt aber wohl soviel, daß wir in unserem Gehirn vier gesonderte Empfindungszentren annehmen müssen, deren jedes einer Urfarbe zugeordnet ist und deren wechselndes Zusammenspiel die vielen Mischfarben bedingt.

Es zeigt sich jedoch bei näherem Zusehen, daß diese vier Urfarben untereinander nicht ganz gleichwertig sind. Rot, Grün und Blau kann durch keinerlei Mischung anderer Farben erzielt werden. Halte ich aber vor mein eines Auge, so wie wir dies vorhin taten, ein rotes, vor das andere ein grünes Glas, so erblicke ich plötzlich ein deutliches Gelb. Das Gelb ist also eigentlich keine echte Urfarbe, und unsere Sinne, so scheint es, täuschen uns, wenn sie uns im Sonnen-

spektrum vier von ihnen zur Schau stellen. Streng genommen
existieren deren nur drei Grundfarben: Rot, Grün und Blau.

Die drei Grundfarben. Alle Farben, die es überhaupt gibt,
lassen sich darstellen, wenn wir in geeigneter Weise Rot,
Grün und Blau miteinander vermischen. Wir stehen damit
vor einer neuen Erkenntnis, die wir aber nicht wie bei den
Urfarben der Analyse unserer Empfindungen verdanken,
sondern dem physikalischen Experiment, in dem wir verschiedene Lichtarten mischen. Auf ihr ist die berühmte
Dreikomponentenlehre des Farbensinnes aufgebaut, die zur
Lehre von den vier Urfarben in einem scharfen Gegensatz
steht. Es ist offenbar, daß sich dies eigentümliche Gesetz
der Drei in keiner Weise von dem der komplementären Far-
benpaare ableiten läßt, von dem aus wir den ganzen Farbensinn uns erst entwickelt dachten. Es ist etwas Eigenes,
durchaus Selbständiges, und in irgendeinem Sinne muß der
Mechanismus unseres Farbensehens in dem Vorhandensein
dieser drei Grundfarben wurzeln. Der erste, der hierauf eine
Hypothese gründete, war der englische Naturforscher Tho-
mas Young. Er erklärte schon 1807, daß es in der Netzhaut drei verschiedene Fasersorten (Zapfen) geben müsse,
von denen jede, für sich allein gereizt, eine der drei Ur-
empfindungen Rot, Grün oder Blau auslöse. Jede von ihnen
ist nun aber keineswegs auf diese eine Lichtart beschränkt,
sie hat dort nur ihr Empfindlichkeitsmaximum. Wird also
das Auge von gelbem Lichte getroffen, so werden alle drei
Zapfensorten erregt, aber jede in verschiedener Stärke, und
die Mischung der drei Empfindungen, die die Reize jeder
Zapfsorte für sich allein hervorrufen würde, ist eben unser
Gelb (Abb. 32). Die Lehre Youngs ist später von Helmholtz und anderen aufgegriffen und weitergeführt worden.
Obgleich sie nicht völlig befriedigt, gilt sie auch heute noch
zahlreichen Naturforschern als das sichere Fundament unseres Wissens vom Sehen. Das ihr Eigentümliche ist die Vorstellung, daß jedes in sich homogene Licht von ganz bestimmter Wellenlänge im Auge nicht als solches behandelt,
sondern gewissermaßen in drei Teile auseinandergespalten
wird, um erst im Empfindungszentrum wieder zu neuer

94

Einheit zusammenzufließen. Im Einklang mit ihr steht auch die merkwürdige Tatsache, daß das Auge nicht imstande ist, ein Farbgemisch zu analysieren, im Gegensatz zum Ohr, das, wie wir noch sehen werden, sehr leicht aus einem Klang die einzelnen Töne heraushört (vgl. S. 115). Die Farbempfindung Grüngelb kann z. B. auf die drei folgenden Arten entstehen: 1. durch reines spektrales Grüngelb, 2. durch Mischung roter und grüner Strahlen, und 3. durch Mischung von Orange und Gelbgrün. Physikalisch ist die Zusammensetzung des Lichtes jedesmal eine andere, unser Auge aber sieht stets ein und dasselbe, nämlich Grüngelb. Es findet eben stets erst eine Umformung des ursprünglichen Reizes in die Erregungsform der drei Zapfensorten statt.

Die Lehre Youngs stimmt sehr gut mit der von Joh. Müller entwickelten Lehre der spezifischen Energien unsers Gehirns (vgl. S. 13). Es ist ganz gleichgültig, ob der Zapfen A mit rotem, gelbem oder grünem Lichte gereizt wird. Er schickt in jedem Falle die gleiche Form der Erregung

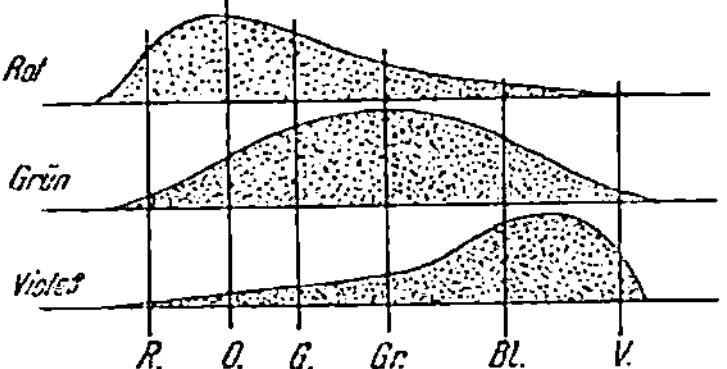

Abb. 32. Empfindlichkeit der drei Receptorensysteme unserer Netzhaut nach der Young-Helmholtzschen Theorie.

in sein Zentrum. Unterschiedlich ist nur die Stärke seiner Erregung, von ihr und der Erregung der Zapfen B und C hängt das Endergebnis ab. Das Mißlichste an dieser ganzen Hypothese ist nun aber der Umstand, daß sich die geforderten drei Zapfensorten mikroskopisch in keiner Weise nachweisen lassen. Sie sind also rein hypothetische Gebilde, deren Existenz nur durch einen kühnen Denkakt erschlossen worden ist. Man kann aber schließlich auch ohne sie auskommen und gelangt so zu einer Modifikation der Young-Helmholtzschen Lehre. Lassen wir es den Mikroskopikern zuliebe mit einer einzigen Zapfensorte bewenden und nehmen wir dafür an, daß es im geheimnisvollen Labyrinth unseres Gehirns drei verschiedene primäre Empfindungszentren gibt, denen die drei Grundfarben zugehören.

Mag dem also sein, wie ihm wolle, auf jedem Fall geraten

wir jetzt in ein ernsthaftes Dilemma. Wenn wir die drei Grundfarben als die sichere Basis unseres Farbensinnes erkennen, was beginnen wir dann mit den vier Urfarben, die unser Empfindungsleben in unbestreitbarer Weise uns zeigt? An diesem Punkte scheiden sich die Wege der Forschung, und es gibt zwei streng geschiedene Schulen, von denen die eine das Prinzip der Drei, die andere das der Vier als das allein Richtige anerkennt. Die Jünger Herings, der die Vierfarbenlehre schuf, werfen den Anhängern Youngs und Helmholtzs vor, daß die Zusammensetzbarkeit aller Farben aus nur drei Komponenten nur ein trügerischer Schein sei, auch wollen sie nicht zugeben, daß das Gelb, das jene aus Rot und Grün hervorzaubern, ein ganz echtes gesättigtes Gelb sei. Umgekehrt behaupten die Vertreter der Dreifarbenlehre, daß manche Erscheinungen der Farbenblindheit mit der Vierfarbenlehre sich nicht vertrüge. So wogt der Streit, dessen Ende niemand sieht. Ein Vermittler trat auf: v. Kries schlug versöhnlichen Geistes vor, daß schließlich wohl beides nebeneinander zu Recht bestehen könne. Vielleicht gibt es mehr peripher die geforderte Dreiheit der Empfindungszentren und weiter im Innern eine andere, in welcher die vier Urfarben Herings friedlich nebeneinanderwohnen.

Schwarz. Im Malkasten liegen sie alle einträchtig nebeneinander: Braun, Ocker, Zinnober, Weiß, Saftgrün, Ultramarin und Schwarz. Keinem Laien wird es jemals einfallen, einen prinzipiellen Unterschied zwischen diesen verschiedenen Farben zu machen. Höchstens, daß er dem Weiß und Schwarz die anderen als bunt gegenüberstellt. Farben aber sind sie alle. Wenn wir aber einen Physiker befragen, so belehrt er uns, daß das Schwarz eigentlich überhaupt nicht in diese frohe Gesellschaft hineingehört, nicht, weil es so düster aussieht, sondern weil es durchaus anderer Herkunft ist.

Alle anderen Farben unseres Malkastens schicken irgendeine Lichtsorte oder eine Mischung verschiedener Lichter in unser Auge. Schwarz dagegen empfinden wir, wenn gar kein Licht in unser Auge gelangt. Es ist dies eine der seltsamsten Tatsachen dieser Welt! Wie merkwürdig sie ist,

erkennt man am besten, wenn man das Erlebnis „Schwarz"
einmal auf die anderen Sinnesgebiete überträgt. Wie würde
es uns anmuten, wenn wir bei lautloser Stille ständig einen
bestimmten, sonst nie erklingenden Ton hörten, oder wenn
wir dort, wo es in Wirklichkeit gar nichts zu riechen gibt,
dauernd einen eigentümlichen Geruch empfänden? Immerhin könnten wir uns an eine solche Sinneswelt gewöhnen, sie
liegt nicht außerhalb der Sphäre unseres Vorstellungsver-
mögens. Dagegen könnte uns auch der phantasiebegabteste
Erzähler nicht verständlich machen, wie eine Welt beschaffen
wäre, in der es kein Schwarz gäbe. Unser Sehvermögen
würde dann also an der Grenze einer schwarzen Fläche aufhören. Was aber würden wir in ihr selbst sehen? Nichts!!

Daß es aber ein solches Nichts in unserer Sehwelt nicht
geben kann und geben darf, ist leicht einzusehen. Unser Auge
ist in erster Linie dazu da, uns eine Vorstellung von der
räumlichen Verteilung der Dinge unserer Umwelt zu liefern.
Der uns umgebende Raum ist aber bei aller seiner Unend-
lichkeit etwas vollkommen Geschlossenes, Einheitliches. Es
gibt in ihm keine „Löcher", sondern an jeder Stelle, wo wir
auch hinblicken, ist irgendein Ding. Wenn es keinen Baum oder
Strauch oder kein Stückchen Erde zu sehen gibt, so erblicken
wir das Gewölbe des Himmels, die Wolken oder die aus
unendlichen Fernen blinkenden Sterne. Das „Nichts" hat
in dieser Welt keinen Platz, und da es nun einmal so ist,
darf es auch in der Empfindung unseres Auges keine Stelle
geben, die uns ein solches „Nichts" vortäuschen könnte. Aus
diesem Grunde empfinden wir Schwarz, wenn in Wirklichkeit gar kein Licht in unser Auge fällt.

Es gibt noch ein zweites Beispiel dafür, daß unser Auge
keine Löcher im Sehraum duldet. Dort, wo der Sehnerv in
unser Auge eintritt, liegt der sogenannte blinde Fleck. Er
enthält weder Stäbchen noch Zapfen, und darum kann man
mit ihm nicht sehen. Es ist sehr einfach, sich hiervon zu überzeugen. Man hält ein größeres weißes Papier vor das rechte
Auge, während man das linke schließt, und fixiert ein Kreuz,
das man auf das Papier gemacht hat. Nun nimmt man ein
Streichholz und hält es mit der Kuppe gerade vor das

Kreuz. Verschiebt man jetzt das Streichholz nach rechts, ohne mit dem Fixieren des Kreuzes aufzuhören, so verschwindet die Kuppe plötzlich bei einem gewissen Abstand, um wieder zu erscheinen, wenn man die Hand noch ein wenig weiter nach rechts bewegt. Von der Stelle aus, wo wir nichts sahen, fiel das Bild der Streichholzkuppe gerade auf den blinden Fleck, den man nach Größe, Lage und Form genau ausmessen und berechnen kann.

(Abb. 33). Den blinden Fleck lernen wir durch dieses einfache physiologische Experiment kennen, wer aber keine solchen Versuche macht und keine gelehrten Bücher liest, wird sein ganzes Leben lang nichts von diesem eigentümlichen Fehler seines Auges erfahren. Zunächst liegt dies freilich daran, daß wir gewöhnlich mit zwei Augen sehen. Beim ständigen Zusammenspiel derselben ist es unmöglich, daß ein gesehener Punkt zugleich auf den blinden Fleck des linken und des rechten Auges

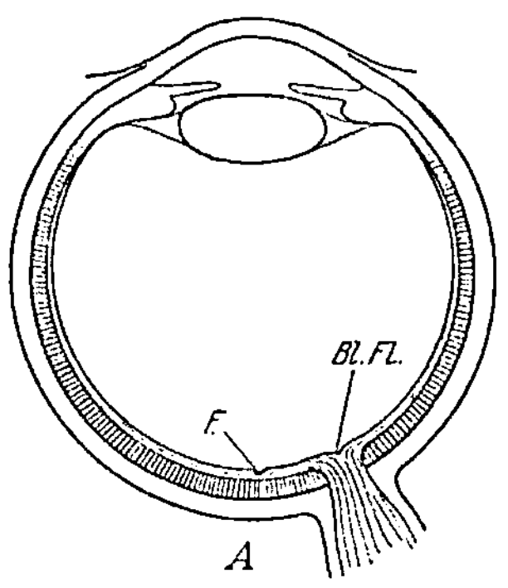
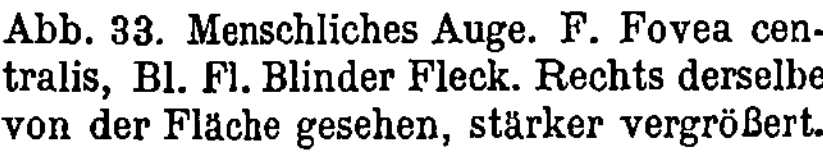

Abb. 33. Menschliches Auge. F. Fovea centralis, Bl. Fl. Blinder Fleck. Rechts derselbe von der Fläche gesehen, stärker vergrößert.

projiziert wird, wir nehmen ihn also stets mindestens mit einem Auge wahr. Aber auch dann, wenn wir überhaupt nur ein Auge gebrauchen, ist vom blinden Fleck nichts zu bemerken. Vielmehr ist unser Gesichtsfeld dort, wo der blinde Fleck von Rechts wegen in Wirkung treten sollte, von dem erfüllt, was die ihn umgebenden Zapfen und Stäbchen wahrnehmen. Sie treten mit ihren Wahrnehmungen mit brüderlicher Hilfsbereitschaft für das ein, was der blinde Fleck nicht zu leisten vermag, und sorgen dafür, daß in unserem Gesichtsfeld kein häßliches Loch entsteht.

Diese Dinge sind deswegen von einer besonders großen Bedeutung, weil sie uns lehren, daß unsere Sinnesorgane, mindestens unser Auge, etwas ganz anderes sind als physikalische Apparate. Ein solcher zeigt mit unerbittlicher Wahrhaftigkeit das an, was anzuzeigen seine Pflicht ist. Das Sinnesorgan dagegen lehrt uns eine ganz tiefe und erschütternde Weisheit, daß nämlich die Wahrheit nicht das letzte der Dinge ist. Wichtiger als die Wahrheit ist das Leben, so unmoralisch dies auch klingen mag, und daher nehmen es unsere Sinnesorgane mit der Wahrheit stets dann nicht sehr genau, wenn ihre absolute Wiedergabe dem Lebewesen zum Schaden gereichen würde. Hierüber wollen wir uns im nächsten Kapitel noch ein wenig genauer unterhalten.

3. Die Konstanz der Sehdinge.

Der ständige Wechsel von Tag und Nacht bedingt es, daß das Licht, das von den Gegenständen unserer Umgebung reflektiert wird, in weitesten Grenzen schwankt. Die weißgetünchte Wand schickt mittags, wenn die Sonne darauffällt, das Vielfache der Lichtmenge in unser Auge, die dasselbe morgens oder im matten Scheine der Dämmerung trifft. Wäre unser Auge weiter nichts als ein physikalischer Registrierapparat, der mit pedantischer Treue uns meldet, was draußen vorgeht, so müßte er uns morgens eine dunkelgraue Wand melden, wenig später eine hellgraue, und mittags wäre die Wand schneeweiß geworden. Ein und derselbe Gegenstand würde sich uns also wie Proteus der verwandlungsreiche in den verschiedensten Vermummungen zeigen. Für das Wiedererkennen der Dinge, also nahezu die wichtigste Leistung unseres Auges, wäre ein solches Durcheinander sehr verhängnisvoll. Darum sind Vorkehrungen getroffen, durch die uns die Sehdinge trotz der wechselndsten Beleuchtung nahezu konstant erscheinen.

Die Adaptation. Das meiste hiervon leistet die sogenannte *Adaptation*. Zum Verständnis dieses Vorganges ist es vielleicht nicht unnütz, daß wir uns zunächst einmal eine photographische Kamera kurz betrachten. Wenn der Photograph eine Landschaft oder einen Innenraum aufnehmen will, muß er sich in erster Linie die Lichtverhältnisse ansehen. Ist es sehr hell, so macht er die Blende, die das Licht in die Kamera eintreten läßt, eng und belichtet nur kurz. Ist es düster, so gleicht er die Schwäche des Lichtes durch lange Belichtungszeit und weit offene Blende aus, so gut er kann. Was der Photograph mit der Blende erreicht, leistet das Auge mit der Pupille. Sie zieht sich energisch zusammen, wenn es zu hell ist, und erweitert sich, sobald das Licht nachläßt. Aber viel wichtiger als diese physikalische Adaptation, die wir hier nicht näher betrachten wollen, ist das Verhalten der Netzhaut. Die Belichtungszeit kann das Auge im Gegensatz zum Photographen ja nicht variieren, denn es handelt sich bei uns nicht um eine Momentbelichtung, wie bei der Platte, sondern der dauernde Eindruck, welchen der gesehene Gegenstand macht, soll bei verschiedenstem Lichte der gleiche bleiben. Nun wissen wir aber, daß es im Handel sehr verschieden empfindliche Platten und Filme gibt. Wenn ich einen dunklen Innenraum photographieren soll, werde ich eine Platte von 24 Scheiner nehmen, bei greller Sonne im Freien vielleicht eine von nur acht. Das Auge macht es nun in sehr ingeniöser Weise ebenso, es paßt die Empfindlichkeit der Netzhaut, die ja die Rolle der Platte vertritt, in weitesten Grenzen der Beleuchtung an. Zum Unterschied von der physikalischen der Pupille nennt man dies die *physiologische Adaptation.*

Sie ist keineswegs ein Vorrecht unseres komplizierten Sehapparats. Wenn wir zu den niedersten Arten des Lichtsinnes hinabsteigen, zu dem Hautlichtsinn, der nur Heller und Dunkler zu unterscheiden vermag, finden wir ganz die gleichen Gesetze, die somit für jede Lichtsinneszelle Geltung haben dürften.

Wie kann man nun solche subtilen Dinge überhaupt feststellen? Dies ist eigentlich ganz einfach. Man hat nur zu untersuchen, welche geringste Lichtänderung der Organismus bei verschiedenen Beleuchtungsverhältnissen gerade noch wahrnimmt. Nehmen wir, um bei einem Falle zu bleiben, der mir persönlich vertraut ist, ein niederes Tier zum Beispiel. Der kleine festgewachsene Krebs Balanus, die sogenannte Seepocke, die man an den Küsten unserer Meere massenhaft an Felsen oder Holzbauten findet, spricht lebhaft auf Beschattung an. Belichte ich also das Tierchen mit einer meßbaren Lichtmenge, etwa mit 100 Meterkerzen, so kann ich genau feststellen, wieviel Meterkerzen ich von diesem Licht wegnehmen muß, damit das Tier es merkt und reagiert. Es mögen dies 5 Meterkerzen sein. Das heißt, wenn ich das Licht von 100 auf 95 Meterkerzen verringere, dann zieht sich das scheue Tierchen flugs in sein Gehäuse zurück, wenn ich aber nur 4 Meterkerzen wegnehme, dann bleibt es draußen. Nun machen wir einen zweiten Versuch. Wir gewöhnen unseren Krebs an eine ganz schwache Belichtung von etwa 10 Meterkerzen. Jetzt zeigt es sich, daß bereits eine deutliche Reaktion eintritt, wenn ich von diesen 10 Meterkerzen nur eine halbe wegnehme. Während er also vorher auf eine Wegnahme von 4 Meterkerzen nicht ansprach, reagiert er jetzt prompt und zuverlässig auf eine Verringerung um nur 0,5 Meterkerzen; das heißt, es ist unter dem Einfluß der schwächeren Belichtung zehnmal so empfindlich geworden. Man kann die Sache nun noch viel weiter treiben und kommt endlich zu der Feststellung, daß bei der sogenannten Dunkeladaptation, das heißt der Gewöhnung eines vorerst stark beleuchteten Organismus an mattes Dämmerlicht die Empfindlichkeit für Licht bei Mensch und Tier um nahezu das Millionenfache sich steigern kann.

Gerade Balanus zeigt uns aber auch sehr schön, wozu diese immense Empfindlichkeitssteigerung von Nutzen ist. Das Tier zieht sich vor einem es bestreichenden Schatten zurück, weil ein solcher das Herannahen eines räuberischen Fisches bedeuten kann. So ein Fisch ist aber frühmorgens um vier, wenn das Licht noch ganz schwach ist, genau so gefährlich wie am hellen Mittag. Wäre die Adaptation nicht vorhanden, so hätte der Fisch am Morgen ein leichtes Spiel, der Krebs würde seine Annäherung gar nicht gewahr, und seine zappelnden Beine wären für ihn ein gefundenes Fressen. Am Mittag umgekehrt würde der Krebs bei jedem noch so geringfügigen Schatten sozusagen einen Nervenschok bekommen. So aber ist der Schatten, obgleich er rein physikalisch außerordentlich verschieden stark sein kann, für das Tier subjektiv stets der gleiche.

Im Gegensatz zu den merkwürdigen Vorgängen, die wir

in diesem Kapitel noch kennenlernen werden, geht es bei
der Adaptation durchaus mit richtigen Dingen zu. Sie
spielt sich in der Sinneszelle selbst ab, die nichts anderes ist
als ein kleines photochemisches Laboratorium, und ist dem-
gemäß selbst ein photochemischer Prozeß. Fortwährend
spielen sich in der Zelle zwei einander entgegengesetzte Vorgänge ab. Der eine von ihnen ist nur im Licht möglich und
abhängig von der Intensität desselben; er verwandelt einen
Stoff A in einen anderen B. Der Gegenprozeß geschieht
immer, auch im Dunkeln, er wandelt B in A zurück. Von
.dieser einfachen Annahme aus lassen sich alle Erscheinungen erklären, die wir bei der Adaptation beobachten.

Zu einer gründlichen Auseinandersetzung mit den Problemen der Adaptation muß man nun eigentlich mit dem
Rüstzeug mathematischen Wissens bewaffnet sein. Mit be-
wundernswertem Scharfsinn haben einige bedeutende Forscher, allen voran der Heidelberger Physiologe August P u e t -
t e r , die ganzen Adaptationsvorgänge genauestens berechnet,
die daher heutzutage zu den besterforschten physiologischen
Problemen überhaupt gehört. Wir können ihm aber auf
diesem schwierigen Wege nicht folgen und müssen uns mit
einigen wenigen Bemerkungen begnügen. Es sei mir daher
gestattet, als bewiesen vorwegzunehmen, daß sich bei jeder
Belichtung in der Lichtsinnzelle zwischen den beiden Stoffen
A und B ein Gleichgewichtszustand einstellt, der die Empfindlichkeit der Zelle bedingt. Bei matter Dauerbeleuchtung
gibt es in der Zelle viel A und wenig B, bei heller Beleuchtung ist umgekehrt viel B und wenig A vorhanden. Ist die
Gewöhnung an das Licht einmal geschehen, so bleibt dies
Verhältnis konstant. Diese Dinge kann man sogar sichtbar
machen. Unsere Netzhaut und die der meisten Wirbeltiere
birgt den Stoff A in der Form der tiefdunklen Sehpurpurs,
der unter dem Einfluß des Lichtes rasch verbleicht. Bei mattem Licht oder gar im Dunkeln ist unsere Netzhaut daher
von dunkler Farbe, bei hellem Licht blaßrot oder gelblich.

Die Hauptsache ist nun für uns, ein Verständnis dafür
zu gewinnen, daß die dunkelrote Netzhaut empfindlicher als
die blasse ist. Aber dies ist eigentlich ganz einfach. Wir

brauchen uns nur klarzumachen, daß die Sinneszelle den Reiz erst wahrnimmt, wenn eine bestimmte Minimalmenge von Sehpurpur sich in den farblosen Stoff B umsetzt. Sind viel Farbmoleküle vorhanden, so kann auch das schwächste Licht im Augenblicke diese Minimalumsetzungen bedingen, gibt es nur wenig davon, so muß zum Ausgleich das Licht entsprechend stärker sein.

Weiß und grau. Bei der Konstanz der Sehdinge spielen aber neben der Adaptation auch noch andere Faktoren mit hinein. Für den Physiker ist matt beleuchtetes Weiß und stark beleuchtetes Grau ein und dasselbe. Von beiden wird eine bestimmte Menge weißen Lichtes reflektiert, und durch geringfügige Veränderung der Belichtung kann man es leicht dahin bringen, daß das zurückgeworfene Licht hier und dort wirklich gleich ist. Für das Auge ist aber Weiß und Grau nicht das gleiche.

Der Grundversuch, um den es sich hierbei handelt, und der eine gewisse Berühmtheit erlangt hat, ist der folgende. Man nimmt ein Stück graues Papier zur Hand und stellt sich mit dem Rücken gegen das Fenster, so daß das volle Tageslicht auf das Papier zu liegen kommt. Gleichzeitig visiert man über das Papier weg die gegenüberliegende Zimmerwand, die weiß, aber schwach beleuchtet ist. Befragt man einen physikalischen Apparat, z. B. eine Kamera, was von beiden das hellere ist, das Papier oder die Wand, so wird die Antwort sehr deutlich zugunsten des Papiers ausfallen, welches in der Tat das Vielfache desjenigen Lichts zurückwirft, das von der Wand ausstrahlt. Befragt man aber sein Auge, so fällt das Urteil ganz anders aus: das Papier ist grau, aber hell, die Wand dagegen ist weiß, aber schwach belichtet.

Man ersieht daraus, daß das Auge turmhoch über einen selbst sehr komplizierten physikalischen Apparat erhaben ist. Der Apparat registriert die Dinge, das Auge bewertet sie.

Durch einen kleinen Kunstgriff kann man aber das Auge auf das Niveau eines physikalischen Apparats herunterbringen. Man braucht nur in ein Stück Pappe ein kleines Loch zu schneiden und durch dieses hindurch die beiden zu vergleichenden Objekte abwechselnd betrachten. Dann ändert man sein Urteil und behauptet, daß die Wand dunkler ist als das graue Papier.

Die Konstanz der Größe. Unser Auge betrügt uns zu unserem eigenen Vorteil nicht nur, wenn es sich um die Helligkeit der Sehdinge handelt, sondern auch bei der Beurteilung ihrer Größe. Als physikalischer Apparat bildet das Auge einen und denselben Gegenstand natürlich um so kleiner ab, je weiter er von uns entfernt ist. Aber das Gehirn, das die Netzhautbilder in Empfindungen umsetzt, vermag die Größe derselben wirksam zu korrigieren.

Zum Studium dieser Dinge braucht man nichts weiter als seine zwei Hände. Betrachtet man die eine von ihnen bald aus nächster Sehweite, bald am ausgestreckten Arm so weit vom Körper ab, wie es eben geht, so erlebt man eine der merkwürdigsten Täuschungen von der Welt. Die Hand sieht nämlich in beiden Fällen gleich groß aus, obgleich es doch gar keinem Zweifel unterliegt, daß das von ihr entworfene Netzhautbild im zweiten Falle wesentlich kleiner als im ersten ist. Wie dieses Wunder zustande kommt, erkennt man, wenn man beide Hände miteinander vergleicht, indem man die eine nahe vor sich, die andere weit ab hält und beide abwechselnd betrachtet. Solange man beide Augen offen hält, sind die Hände einander durchaus gleich, schließt man aber das eine, so hat man plötzlich zwei Hände von sehr verschiedener Größe vor sich. Die Täuschung, der wir erst unterlegen sind, hängt also offensichtlich vom Sehen mit beiden Augen ab. Hierbei konvergieren nämlich die Augachsen um so mehr, je näher der gesehene Gegenstand ist. Je näher aber das Objekt ist, um so kleiner ist, im Bilde gesprochen, die Zahl, mit der das Gehirn das Retinabild multipliziert.

Es bezieht sich diese Konstanz der Sehgröße keineswegs nur auf das Sehen in nächster Nähe. Die Tapete, die wir uns zur Erhärtung dieser Behauptung jetzt ein wenig genauer betrachten wollen, wird meist recht wenig beachtet. Sie ist sogar ein Musterbeispiel für das, was man nicht sieht, obgleich es einem täglich vor Augen steht. Viele Menschen sind nicht in der Lage, Farbe oder Musterung der Tapete ihres Zimmers anzugeben, in dem sie seit Jahren wohnen. Wer aber einmal für längere Zeit ans Bett gefesselt ist, der kommt allmählich dennoch zu einem etwas intimeren Verhältnis zur Zimmertapete. Erst zählt er die Ornamente der Quere und Länge nach, addiert sie und dividiert sie, und wenn er mit diesen mathematischen Übungen ins Reine gekommen ist, dann erkennt er wohl auch, daß der Tapete unschätzbare wissenschaftliche Qualitäten innewohnen. Hierzu gehört eben gerade dies, daß sie einem das gleiche Muster in den verschiedensten Beleuchtungen und Entfernungen, einladend zur vergleichenden Betrachtung, vor Augen führt.

Ich kann also zunächst mit Befriedigung meine an der Hand gemachten Beobachtungen bestätigen: Das Hauptornament, drei schöne Rosen von Blätter umgeben, erscheint meinem Auge gleich groß, ob ich es nun aus einem oder aus vier Meter Abstand ansehe. Ich kann aber noch ein wenig weiter gehen. Ich stelle meine beiden Augen scharf auf meinen rechten Daumen ein und halte ihn hierbei so, daß unmittelbar neben ihm an der vier Meter entfernten Wand das bewußte Ornament sichtbar wird. Dem auf die Nähe eingestellten Auge schrumpft dann der prächtige Blumenstrauß zu einem recht unscheinbaren Gebilde zusammen. Die Konstanz der Sehdinge wird also durch die Entfernungsmessungen sichergestellt. Sie verläßt uns aber naturgemäß, wenn die Entfernung ein gewisses Maß überschreitet. Ein jeder weiß, daß wir bei einer Baumallee, die sich in die Ferne verliert, nicht alle Bäume gleich groß sehen, auch wenn sie es in Wirklichkeit sind. Vielmehr erscheinen uns jetzt die ferneren kleiner. Während also beim Nahesehen Täuschungen durch die Konstanz der Sehgröße vermieden werden, sind wir beim Fernsehen den gröbsten Irrtümern ausgesetzt. Der Erwachsene ist sich dessen meist nicht bewußt, aber als Kind muß man ein großes Maß von Erfahrungen sammeln, bis man begriffen hat, daß der Mann, der hundert Meter entfernt über die Straße geht, nicht ein ganz kleines Männchen aus dem Lande der Zwerge ist, sondern einer von ganz normalen Dimensionen.

4. Vom Hören.

Wer sich von der drückenden Last des Alltages, der ständigen Hast, dem unerträglichen Lärm der Großstadt entziehen will, die mit tausend Dissonanzen fortwährend unser Ohr beleidigt, der kann nichts Besseres tun, als daß er sich den Rucksack umhängt und für einige Zeit mit Herz und Sinnen der Natur ergibt. Ob er dabei die Einsamkeit der Berge aufsucht, den tiefen grünen Wald oder die Heide, dies ist einerlei. Ein Labsal wird ihm überall begegnen, die Stille, die es erlaubt, dem eigenen Atem zu lauschen.

Daß die Natur an sich lautlos und still ist, hieran ändert auch die Tatsache nichts, daß es auch in der menschenleersten Gegend gelegentlich nicht an gewissen Geräuschen und Lauten fehlt: Der Wind, der mit den Wipfeln der Bäume spielt, der plätschernde Bach oder die Brandung des Meeres sind uns allen vertraute Gesellen, aber sie sind nur gelegentliche oder örtlich bedingte Ereignisse. Wer an einem windstillen Sommerabend am Waldesrande sitzt, wird gar nichts von ihnen vernehmen, und die unendliche Stille der Natur wird nur hin und wieder unterbrochen werden durch den Ruf eines Fasans, eines schreckenden Rehbocks, den scharfen Schrei eines Raubvogels oder das feine Zirpen der Grillen im Wiesengrunde.

Den Menschen beeindruckt von allen Geräuschen, die man in Gottes freier Natur hören kann, am meisten die gewaltige Sprache der Elemente: Der Wind, das Rauschen des Wassers oder der Donner wirken aufs stärkste auf unser Gemüt ein. Bei den Tieren, die weniger sentimental veranlagt sind und ihren Blick stets nur auf das Nützliche richten, ist die Wertung der Geräusche eine völlig andere. Man kann wohl den Satz aufstellen, daß ihnen allen ausnahmslos die elementaren Geräusche ganz und gar gleichgültig sind; nur *die* Laute und Töne werden vom Tier als des Interesses wert gefunden, die von Tieren selbst erzeugt werden: die Stimme oder das Geräusch der Schritte.

Im Kriege hatte man vielfach Gelegenheit, sich von der Wahrheit dieses Satzes zu überzeugen. Auf den Feldern zwischen den Drahtverhauen der beiden Schützengräben tummelten sich die Rebhühner, als ob es weder Granaten, noch Schrapnells, noch Maschinengewehre gäbe. In all dem Lärm existierte für sie selbst, wie es schien, nur ein einziger Laut, der Lockruf des Hahnes, der zu der rauhen Sprache des Krieges in einem merkwürdigen Gegensatze stand.

Tierstimme und Hörfähigkeit gehören also im allgemeinen zueinander, das eine ist um des anderen willen da.

Gesang und Liebe. Es ist dies freilich nicht so zu verstehen, als ob die Tiere untereinander alle die gleiche Sprache führten, wie wir dies im Märchenbuche unserer Kinder lesen. Jede Art ist gleichsam nur für sich selbst auf der Welt, und jegliches Getier fühlt sich nur oder doch hauptsächlich von den Lauten angezogen, die seine eigenen Artgenossen hervorbringen. Hier aber, im engsten biologischen Kreise begegnen wir noch einer weiteren Bindung. Die Stimme ist ursprünglich keineswegs zur allgemeinen Verständigung unter den Artgenossen bestimmt, sondern dient nur einem einzigen Lebenszweck: Das weibliche Tier zu betören und in den Liebesbann des Männchens zu bringen. Die Sprache der Liebe ist also die erste Sprache in der Welt gewesen, und das erste Ohr der Welt war nur geschaffen, um das Liebesquarren oder Zirpen eines abenteuersüchtigen Freiers zu hören. Von diesem intimsten Anfange aus hat sich das Ohr der höheren Tiere und der Menschen ein immer weiteres Gebiet erobert, und Hand in Hand damit ist die Stimme ein immer vielseitigeres Mittel der Verständigung geworden. Dies geht so weit, daß wir Menschen trotz Caruso und Schaljapin gar nichts mehr wissen von der ursprünglichen Bedeutung dieser Dinge und uns von den Grillen und Fröschen belehren lassen müssen.

Frosch, Grille, Heuschrecke und Zikade zeigen uns das Problem in der einfachsten Form. Zunächst ist bei ihnen und ihren Verwandten leicht festzustellen, daß meist nur die Männchen über die Gabe des Gesanges verfügen. Dies wußte schon der sehr ungalante griechische Dichter ... der Schöpfer des bekannten Verses: „Glücklich leben die Zikaden, denn sie haben stumme Weiber." Die Weibchen sind stumme, aber interessierte Zuhörer. Erschallen die Laute der männlichen

Sirenen, so verlassen sie, einem unwiderstehlichen Zwange
folgend, ihre Schlupfwinkel und eilen dem Männchen zu,
derart, daß sich mitunter ein ganzer Kreis liebenswerter An-
beterinnen um den einen Sänger schart. So eng bei diesen
Tieren die Bindung des Hörsinnes und der Stimmentfaltung
an das Liebesleben ist, so gibt es doch schon bei ihnen eine
Lockerung dieses Gefüges. Der auffallende Wettgesang der
Männchen untereinander erfolgt zwar nur zur Zeit der Wer-
bung, hat aber direkt nichts mit ihr zu tun. Wozu dient er?
Ist es die Freude an den selbsterzeugten Tönen oder die Lust
zum Wettstreit? Hierauf ist die Wissenschaft fürs erste die
Antwort schuldig geblieben.

Bei den höheren Wirbeltieren können wir schrittweise die
Loslösung der Stimme und des Gehörs vom Liebesleben verfolgen. Wir dürfen dabei allerdings erst bei den Vögeln anfangen, denn die nächsten Verwandten der Frösche, die
Kriechtiere (Schlangen, Eidechsen, Schildkröten, Krokodile),
haben durch ein merkwürdiges Geschick beides miteinander
wieder verloren. Die meisten von ihnen sind praktisch stumm
und taub zugleich. Am weitesten haben es in dieser Vernach-
lässigung des Gehörsinns die Schildkröten gebracht. Diese
langweiligen Gesellen lassen sich durch kein Geräusch und
keinen Ton der Welt aus ihrer Ruhe schrecken, und die
Wissenschaft hat unsägliche Mühe und Geduld darauf verwenden müssen, bis es ihr gelang, auch diese Tiere durch
Dressur zur Aufgabe ihrer „passiven Resistenz" zu bringen
und sie zu zwingen, durch Bewegungen zu verraten, daß sie
immerhin etwas hören, wenn sie nur wollen.

Bei den Vögeln steht der Balzgesang natürlich noch im
Vordergrunde, und auch bei ihnen gibt es daher noch viele
im weiblichen Geschlechte stumme Arten. Schon mancher,
der einen Kanarienhahn zu kaufen glaubte, der sich zu Hause
als gesangunkundiges Weibchen entpuppte, hat dies zu seinem Leidwesen erfahren. Daneben wächst der Gebrauch der
Stimme, besonders bei den geselligen Arten, sehr in die Breite.

Die Säugetiere stehen am Ende der ganzen Reihe. Es ist
zwar auch noch bei ihnen hie und da eine enge Bindung des
Stimmgebrauchs an das Sexualleben festzustellen, wie wir

dies vom Brunftschrei des Hirsches wissen, aber schon hier hat sich der Schwerpunkt wesentlich verschoben: Die Stimmentfaltung dient in erster Linie der Herausforderung des Gegners. Auch das entsetzliche Geschrei der verliebten Katzen ist kaum als betörender Liebesgesang aufzufassen, da sich beide Partner an diesem Konzert beteiligen. Bei den meisten Säugetieren ist eine gänzliche Loslösung der Stimme vom Liebesleben eingetreten. Sehr viele von ihnen sind praktisch stumm und lassen wie Hase und Kaninchen nur in der Todesangst einen kläglichen Schrei vernehmen, andere, die zu Scharen vereint ein geselliges Leben führen, brauchen ihre Stimme zur Warnung der Artgenossen bei herannahender Gefahr. So machen es die wachsamen Murmeltiere und ihre Verwandten der Steppe, die Pfeifhasen. Wieder andere, wie der Löwe, benutzen ihre Stimmkraft, um ihre Beutetiere zu regelloser Flucht zu veranlassen. Außerdem ist bei sehr vielen Säugetieren die Stimme der Ausdruck innerer Erregung und dient, wie das markerschütternde Knurren der großen Raubtiere, vielleicht gleichzeitig der Einschüchterung des Gegners. Überschauen wir noch einmal das ganze Heer der hörfähigen Tiere, so können wir konstatieren, daß der Gehörsinn biologisch genau den umgekehrten Weg gegangen ist wie der Listsinn. Dort sahen wir, daß anfangs nur das kosmische Licht der Sonne und des Himmels als Reiz auftrat, ganz allmählich kamen dann die Gegenstände mit ihrem reflektierten Licht hinzu, und erst am Ende der ganzen langen Reihe entwickelte sich die Fähigkeit des echten Formensehens, die es erlaubt, Artgenossen oder einzelne Individuen als solche zu erkennen. Hier beim Hörsinn steht am Anfang die engste biologische Begrenzung, die sich, allmählich ausweitend, endlich dazu führt, daß der Gehörsinn des Menschen alles als Reiz benutzt, was es an Tönen und Geräuschen überhaupt auf dieser Erde gibt.

Von dem Gehörorgane. Die Tatsache, daß der Gehörsinn, im ursprünglichsten Falle nur zur Beachtung der Liebestöne eines Freiers geschaffen ist, machen es verständlich, daß er sich nur dort entwickeln konnte, wo sich die Möglichkeit zur eigenen Lautproduktion ergab. Von ganz wenigen noch kaum

erforschten Ausnahmen abgesehen, gilt dies nur für zwei
Tiergruppen: die Insekten und die landlebenden Wirbeltiere.
Beide Male besteht eine merkwürdige Beziehung zur Atmung,
und zwar ist bei den Wirbeltieren die Fähigkeit der Laut-
erzeugung, bei den Insekten die des Hörens an den Atmungsvorgang gebunden. Es erklärt sich dies folgendermaßen: Die
Stimme eines Frosches, eines Vogels oder unsere eigene
Stimme kommt so zustande, daß Luft mit einer gewissen
Kraft aus der Lunge ausgepreßt wird; sie streicht im Kehl-
kopf an den hierfür besonders konstruierten Stimmbändern
vorbei und versetzt sie in Schwingungen. Auf diese Art

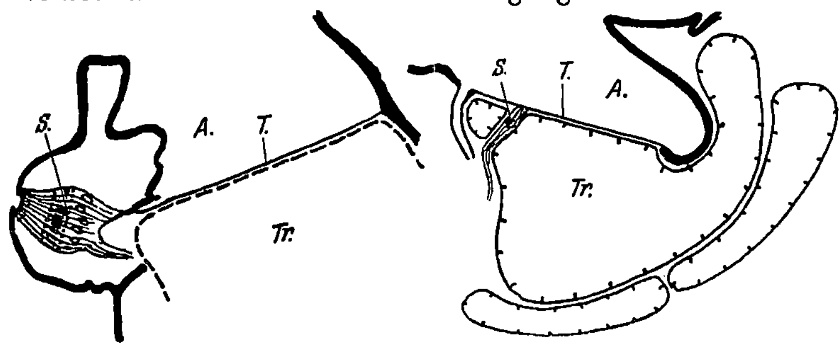

Abb. 34. Schnitt durch das Gehörorgan links einer Singcicade, rechts eines
Heupferdes. S. Sinneszellen, T. Trommelfell, Tr. Tracheenblase, A. Außenluft.

können auch Stimmäußerungen bei sonst völlig stummen
Tieren gelegentlich zustande kommen. So lassen gestrandete
Walfische, die, am Ufer liegend, durch die Schwere ihres
eigenen Körpers am Atmen verhindert sind und langsam er-
sticken, beim Versuch, ihre Lunge zu ventilieren, ein weit hör-
bares Stöhnen erschallen. Die Fische atmen in einer völlig
anderen Weise: Sie schlucken mit dem Maule ein Quantum
Wasser in den erweiterten Rachenraum und pressen dieses
Wasser, indem sie nunmehr das Maul schließen und die
Mundhöhle verengern, an den stark durchbluteten Kiemen
vorbei. Hierbei ist keinerlei Möglichkeit gegeben, daß ein
Laut erzeugt werde, und daher sind die allermeisten Fische
zur Stummheit geboren. Die gesangeskundigen Insekten erzeugen ihre Laute, indem sie ihre harten Flügel aneinander
reiben oder die Hinterbeine mit ihren Schrilleisten an den

Flügeln. Daß sie aber hören können, hängt ganz wesentlich damit zusammen, daß sie durch Tracheen atmen. Der ganze Körper eines Insekts ist in allen seinen Teilen von luftführenden Röhren durchzogen. Sie erweitern sich an manchen Stellen zu geräumigen Luftblasen und diese Blasen ermöglichen erst die Konstruktion eines Trommelfells, worüber uns das beigefügte Bild belehrt. Ein solches Trommelfell ist überall dort vorhanden, wo ein echter Gehörsinn sich entwickelt hat. Es stellt im wesentlichen nichts anderes dar als eine Telephonmembran und hat daher die Aufgabe, vom Schall in Schwingungen versetzt zu werden. Genaueres über seine Leistung wissen wir nur vom Menschen. Sieht man sich unser Trommelfell von der Fläche an, so erkennt man, daß es keineswegs eine einfache Gestalt hat; es zeigt an verschiedenen Stellen tiefe Einbuchtungen. Sie haben ihren guten Grund. Wir können voraussagen, daß das Trommelfell auf alle möglichen Schallwellen mitschwingen muß und wahrscheinlich dienen diese vielen Unregelmäßigkeiten dazu, lauter relativ selbständige Partien zu schaffen, von denen jede einzelne ihre eigene Schwingungszahl hat. So kann durch Mitschwingen irgendeiner Partie jeder Ton das Trommelfell erregen.

Die Trommelfelle der niederen Tiere sind einfacher. Bei manchen Insekten kann man sich in sehr primitiver Weise davon überzeugen, daß sie den Schall auffangen. Man bestreut das freigelegte Trommelfell mit einem feinen Staub. Läßt man dann in der Nähe einen Ton erklingen oder macht ein Geräusch, so sieht man im Mikroskop wie die Staubkörnchen durch die Schwingungen der Membran umhertanzen.

Das Gehörorgan kann im einfachsten Falle so gebaut sein, daß die Hörzellen unmittelbar am Trommelfell festgewachsen sind (Abb. 34). Sie werden dann natürlich hin und her gezerrt, sobald das Trommelfell in Schwingungen gerät. Das „Ohr“ der Feldheuschrecke, das allerdings merkwürdigerweise nicht wie unser Ohr am Kopf, sondern am ersten Hinterleibssegment gelegen ist, ist von dieser Art, ebenso die Gehörorgane der Zikaden und der Schmetterlinge.

Bei den Laubheuschrecken und den höheren Wirbeltieren hat die Schalleitung eine ganz wesentliche Komplizierung er-

fahren. Das Trommelfell schwingt hier ganz für sich, ohne
irgendeine Beziehung zu den Sinneszellen zu haben. Viel
tiefer im inneren Ohr findet sich dann eine zweite Membran,
die die Schwingungen der ersten auffängt. Ihr sind die Hör-
sinneszellen aufgewachsen. Ohne Zweifel stellt diese Komplizierung eine technische Verbesserung dar. Das äußere Trommelfell kann, besonders wo es direkt in der äußeren Haut
liegt, wie bei den Fröschen oder den Feldheuschrecken, sehr
leicht auf andere mechanische Art, ohne Schall, durch Druck
oder Stoß erregt werden. Sind die Hörzellen unmittelbar an ihm befestigt, so muß dann eine „Hör-
störung“ die Folge sein. Liegen die Sinneszellen
aber erst der inneren Membran auf, so können nur
wirkliche Schallschwingungen zu ihr gelangen, die
vom Trommelfell weitergegeben werden, alle Stöße
und Püffe werden von diesem selbst abgefangen. Es
ist gar kein Problem, wo sich diese eigentliche akustische Membran bei den Laubheuschrecken befin-

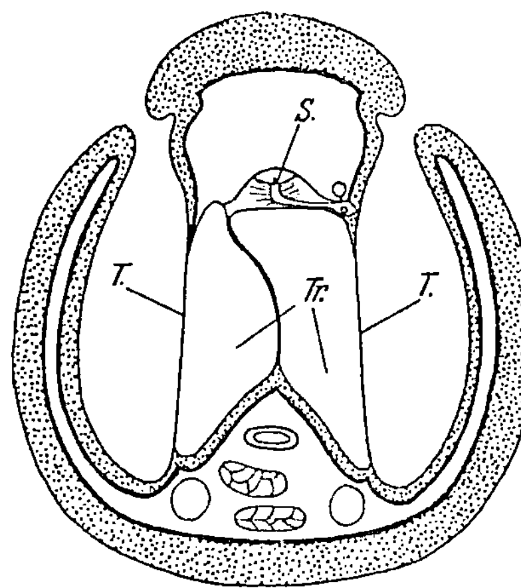

Abb. 35. Querschnitt durch das Vorder-
bein einer Laubheuschrecke mit Gehörorgan. S. Sinneszelle, T. Trommelfelle,
Tr. Tracheenblasen.

det. Auf einem Querschnitt durch ein Gehörorgan, das bei
diesen Tieren absonderlicherweise in den Vorderbeinen liegt,
sehen wir sofort, daß die Hörzellen der Wand einer der
großen luftführenden Tracheen aufliegen, die der Länge nach
durch das Bein ziehen (Abb. 35).

Viel schwieriger liegen die Dinge bei uns selbst. Das Gehörorgan der Säugetiere und des Menschen liegt tief in der
Knochenmasse des Schädels eingebettet, so verborgen, daß es
recht geraume Zeit gekostet hat, bis man es überhaupt fand.
Der merkwürdige spiralige Knochengang, in dem es liegt, die
knöcherne Schnecke, wurde zwar schon im Jahre 1561 auf-

gefunden, aber dann hat es noch beinahe dreihundert Jahre
gedauert, bis der bedeutende Forscher Corti in dieser
Schnecke das eigentliche Sinnesorgan entdeckte, das später
ihm zu Ehren das Cortische Organ genannt wurde (Abb. 36).
Auf einem Querschnitt durch die Schnecke sieht man drei
große Räume, die durch zwei Membranen gegeneinander ab-
gegrenzt werden. Die eine von ihnen, die *Reißnersche Membran*, zieht als ein hauchfeines Häutchen von einer Wand
zur anderen, die zweite, die *Basilarmembran*, trägt das

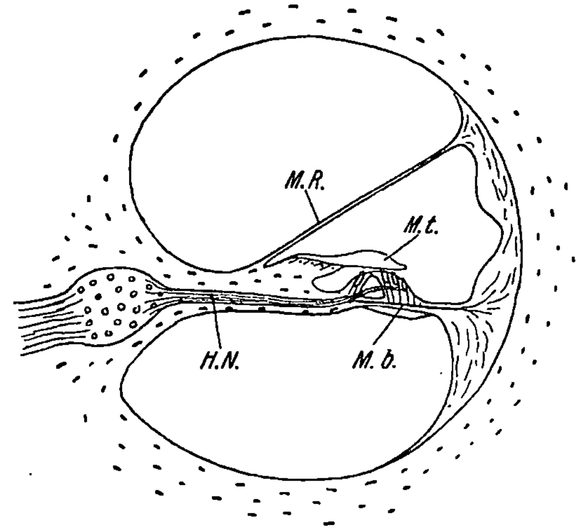

Abb. 36 Querschnitt durch die Schnecke des Menschen. M.b. Basilarmembran,
M. R. Reissnersche Membran, M. t. Tektorische Membran. H. N. Hörner,
Aus Bütschli.

Cortische Organ, das einen merkwürdigen, höchst komplizierten Aufbau von Stützzellen zeigt, die eine Art von Gewölbe
bilden, und von Sinneszellen, die in diesem Gewölbe ein-
gefügt sind. Endlich liegt über den Sinneszellen, in dichter
Berührung mit den empfindlichen Sinneshaaren, die sogenannte *Membrana tectoria*. Man hat nun die Auswahl,
welcher von diesen drei Membranen man die Fähigkeit der
Schallübertragung zutrauen soll. Obgleich diese Frage noch
nicht bis zum letzten Ende gelöst ist, neigen die allermeisten
Forscher heute dahin, der Membrana basilaris den Vorrang

zu geben. Erstens wegen ihrer nicht abzuleugnenden räumlichen Beziehung zu den Sinneszellen. Zweitens aber wegen ihrer eigentümlichen physikalischen Beschaffenheit, die an manches erinnert, was wir bei musikalischen Instrumenten, besonders dem Klavier, zu sehen gewohnt sind. Wenn man diese Membran ausbreitet, so erkennt man nämlich, daß sie gar keine eigentliche homogene Membran ist, sie setzt sich vielmehr aus einer großen Zahl (etwa 20 000) straffer Fasern zusammen, die parallel zueinander in querer Richtung die Schnecke durchziehen. Sie sind voneinander nicht völlig unabhängig, sondern durch ein Geflecht allerfeinster Fäserchen miteinander verwoben. Das Interessanteste ist aber, daß diese Fasern nicht alle die gleiche Länge besitzen, sie nehmen von der Basis der Schnecke nach der Spitze hin in gesetzmäßiger Weise an Länge zu, derart, daß die längsten achtmal so lang sind als die kürzesten von ihnen. Nun weiß ein jeder aus der Physik, daß die Eigenschwingung eines Stabes von seiner Länge abhängt, was liegt also näher als die Annahme, daß jede derartige Fasergruppe von bestimmter Länge dazu dient, mitzuschwingen, wenn gerade der Ton erklingt, auf welchen sie ihrer Länge nach selbst abgestimmt sind.

Die Resonanzhypothese. Dies ist die Grundlage der berühmten Helmholtzschen Resonanzhypothese, die trotz aller Gegnerschaft auch heute noch als die bestfundierte Hörtheorie zu gelten hat. Es ist hauptsächlich *eine* Fähigkeit unseres Ohres, die durch keine der anderen Theorien so glatt und elegant erklärt werden kann wie durch sie, nämlich die Analyse der Klänge. Man unterscheidet bekanntlich dreierlei in der Akustik: Töne, Klänge und Geräusche. Physikalisch liegt einem Tone eine Schallwelle von ganz bestimmter Frequenz zugrunde, zeichnet man sie auf, so erhält man eine sehr regelmäßige sogenannte Sinuskurve. Die graphische Aufzeichnung eines Klanges ergibt zwar auch ein durchaus periodisches Bild, aber die Einzelschwingung weicht von der Form der Sinuskurve mehr oder weniger ab. Die Mathematik hat es bewiesen, und die Physik experimentell bestätigt, daß jeder Klang aus einer Reihe von Einzeltönen zusammengesetzt ist, man kann ihn analysieren und in seine Bestandteile säuberlich zerlegen (Abb. 37). Der Physiker macht dies mit Hilfe von sogenannter Resonanz. Er stellt fest, welche Resonatoren, das heißt abgestimmte Hohlkörper, die nur auf ihren Eigenton ansprechen, beim Ertönen des Klanges mitschwingen. Nun ist das Merkwürdige, daß unser Ohr diese Leistung des Physikers auch vermag. Der Mensch ist sehr wohl imstande, aus einem Akkorde die einzelnen Töne herauszuhören, Grundtöne und Obertöne zu unterscheiden usf. Da wir kein anderes physikalisches Prinzip als das der Resonanz kennen, das eine solche Analyse erlaubt, ist damit indirekt bewiesen, daß unser Ohr sich auch auf dem Resonatorenprinzip aufbaut.

Natürlich hat es auch nicht an Versuchen gefehlt, durch scharf ersonnene Experimente eine Entscheidung für oder

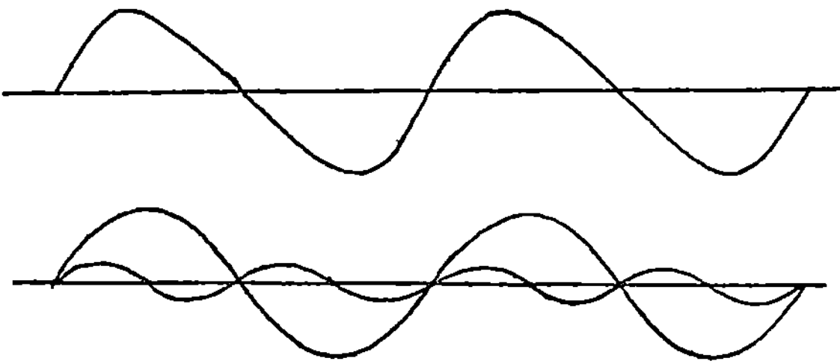

Abb. 37. Analyse eines aus Ton und Oberton sich zusammensetzenden Klanges. Nach B u n g e.

wider die Resonanztheorie zu treffen, aber die Unzugänglichkeit der Schnecke für alle chirurgischen Eingriffe setzt allen diesen Bestrebungen einen beinahe unüberwindlichen Widerstand entgegen. Ein wenig barbarisch mutet die vielfach angewandte Methode an, durch länger dauernde Wirkung eines bestimmten sehr starken Tones gewisse Hörzellen durch übermäßige Beanspruchung zu schädigen, und diese Schädigung hernach am getöteten Tiere im Mikroskop nachzuweisen. Sie hat immerhin zu dem Ergebnis geführt, daß bei Anwendung hoher Töne die unterste Windung der Schnecke beschädigt wird, bei tiefen Tönen dagegen die oberste Windung leidet, was gut zur Resonanztheorie paßt.

Exakter ist der Versuch, in die knöcherne Schnecke mit
einem winzigen Bohrer ein ganz feines Loch zu machen und
dadurch die Fasern der Basilarmembran an einer sehr be-
grenzten Stelle zu entspannen, indem man ihre Befestigung
am Knochen zerstört. Wenn die Resonanztheorie richtig ist,
muß dann eine Hörlücke auftreten, da für eine bestimmte
Tonlage die Resonatoren fehlen. Diese Versuche haben bisher durchaus das gehalten, was man sich von ihnen versprach
und so ist zu hoffen, daß ihre Weiterführung zu einer end-
gültigen Lösung dieses schwierigen Problems führen wird.

Wir haben gesehen, daß im blinden Spiele des Zufalls
zwei Faktoren zusammentreten müssen, damit ein gehör-
fähiges Geschöpf entsteht: Lautproduktion und Luftatmung,
und diesen beiden muß sich noch etwas Drittes beigesellen,
nämlich die Anwesenheit von Sinneszellen, die fähig sind, auf
Schallreize zu reagieren. Wie sie in die Welt gekommen sind,
darüber wollen wir uns jetzt ein wenig unterhalten. Wir wissen freilich bereits, daß es eigentliche Hörzellen überhaupt
nicht gibt, es handelt sich also beim Hören immer nur um
eine Abwandlung des mechanischen Sinnes. Bei den Insekten
liegen die Dinge wiederum einfacher und darum klarer.

Sie sind im Aufbau ihrer Sinnesorgane vielfach ihre eigenen Wege gegangen, und so finden wir im Körper beinahe
aller Insekten eigentümliche saitenartig ausgespannte Sinneszellen, die man mit einem besonderen Namen als stiftchen-
führende Sinnesorgane belegt hat (Abb. 39). Sie liegen meist
tief im Innern, und da sie außerdem gewöhnlich keine um-
fangreichen Organe bilden, sondern als einzelne Stränge über
den ganzen Leib verteilt sind, so wissen wir leider noch so
gut wie gar nicht, wozu sie eigentlich da sind. Man rät aber
ziemlich sicher richtig, wenn man sie den propriorezeptiven
Sinnesorganen zurechnet, deren Aufgabe es ist, die körper-
eigenen Bewegungen zu kontrollieren (vgl. S. 166). Sie sind
nämlich stets so aufgehängt, daß bei der Kontraktion irgendeines benachbarten Muskels in der Saite eine Spannung entstehen muß, die vermutlich den Reiz darstellt.

Nun braucht man sich nur vorzustellen, daß eine Gruppe
solcher Sinneszellen an ein Trommelfell sich ansetzt und da-

her gereizt wird, wenn ein von außen kommender Ton die
dünne Membran in Schwingungen versetzt, und das Gehörorgan ist fix und fertig.

Sehr viel schwieriger ist es, zu erkennen, auf welchen Um-
wegen der Gehörsinn der Wirbeltiere sich
entwickelt hat. Alles Leben stammt aus
dem Wasser, und so ist es eine gesicherte
Tatsache, daß im Meere einer längst ver-
gangenen Vorzeit die Ahnen aller jetzt
lebenden Wirbeltiere als fischartige Geschöpfe umhergeschwommen sind. Von
diesen Urweltfischen haben wir den Bauplan unseres Nervensystems und unserer
Sinnesorgane übernommen, auch den Bauplan unseres inneren Ohres.

Der Gehörsinn der Fische. Es ist also
nicht nur um der Fische selbst willen,
sondern auch aus „verwandtschaftlichen
Gefühlen“ eine für den Menschen nicht
unwichtige Frage, wie es denn eigentlich
mit dem Gehörsinn der Fische steht.
Schon die Alten haben sich mit ihr beschäftigt. So berichtet Plinius von der
Muräne des dicken Marcus Crassus, der
mit Pompejus und Cäsar als Triumvir
eine Zeitlang das römische Weltreich re-
gierte, daß er eine zahme Muräne besaß,
die auf den Ruf ihres Herrn herbeige-
schwommen kam und aus seiner Hand
fraß. Derartige Berichte sind bis zur Neu-
zeit immer wieder und wieder aufge-
taucht. Die Fischer, die es ja schließlich
wissen müßten, glauben auch heute noch

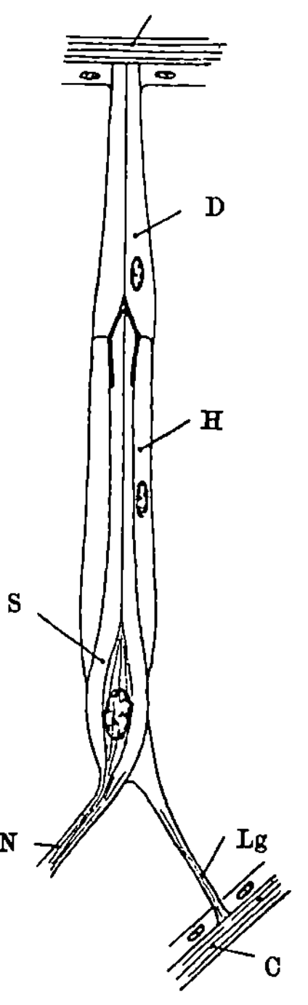

Abb. 38. Chordotonal-
organ (Scolopilium)
eines Insekts. D Deck-
zelle, H Hüllzelle, S Sinneszelle, Lg elastisches
Band, N Nerv, C Cuti-
cula (Hautpanzer).
Aus Eggers.

in vielen Ländern an den Gehörsinn der Fische und wenden
eine sogenannte Lärmköderung an, indem sie, besonders beim
nächtlichen Fang, mit eigens hierzu hergestellten Werkzeugen
Geräusche zur Anlockung der Fische erzeugen. Gegen diese
alten Volksmeinungen, denen man wissenschaftliche Beweis-

kraft kaum zuerkennen wird, stehen aber eine Reihe von Beobachtungen, die in neuerer Zeit im Freien angestellt worden sind. Sehr berühmt ist die Entlarvung der hörenden Fische des Klosters zu Kremsmünster. Es ging ihnen der Ruf voraus, daß sie auf das Läuten einer Glocke zum Futterplatze kämen, aber ein bekannter Wiener Forscher zeigte, daß sie gar nicht auf das Läuten achten, wenn man es nur vermeidet, daß sie den Mann, der am Stricke zieht, sehen oder seinen Schritt wahrnehmen. Nachdem der Ruhm dieser Wundertiere dahingewelkt war, zeigte du Bois-Reymond, daß manche Fische selbst auf allerstärkste Töne, die unserem Ohre geradezu weh tun, nicht im mindesten ansprechen. Er konstruierte ein Musikinstrument besonderer Art: eine große halbmeterbreite Stahlplatte wurde durch einen Elektromagneten in Schwingungen versetzt, so daß sie einen entsetzlichen Quietschlaut von sich gab, den man weit in der Runde hörte. Sie wurde in das Wasser versenkt und beobachtet, wie sich die Fische in ihrer Nähe benähmen. Die Art der Beobachtung wäre nun freilich nicht jedermanns Sache gewesen. Der Forscher mußte nämlich selbst in das kühle Naß tauchen und, die Platte umschwimmend, zugleich auf die Fische achten. Dabei fand er zweierlei. Erstens, daß er selbst das Tönen der Platte kaum aushielt, und zweitens, daß sich die Fische gar nichts daraus machten.

So spricht, von dieser Seite betrachtet, eigentlich alles dafür, daß die Fische in ihrem normalen Freileben in keiner Weise auf Töne und Geräusche achten. Nach dem, was wir über die biologische Bedeutung des Gehörsinns anderer primitiver Tiere erfahren haben, ist es auch von vornherein unwahrscheinlich, daß sie es tun. Die allermeisten Fische sind eben stumm, sie können also den anderen ihrer Sippe weder ihre Liebe noch irgendwelche anderen Gefühle „sprachlich" ausdrücken, wozu sollen sie auf Laute achten? Trotz aller dieser Erfahrungen, die gegen einen Hörsinn der Fische sprachen, ist die Forschung aber letzten Endes doch zu einem anderen Standpunkt gekommen. Schon frühzeitig waren verschiedene Forscher auf den originellen Gedanken gekommen, Fische auf Töne zu dressieren. Man könnte nun sagen, daß

der alte Crassus und die Mönche zu Kremsmünster dies ja
auch schon getan haben. Aber bei diesen unkritischen Versuchen waren die Tiere niemals durch Töne allein gereizt
worden. Gleichzeitig mit ihnen traf die Erschütterung des
Bodens den Fischkörper oder der Fisch sah den herankom-
menden Mann. Dies alles war auszuschließen. Man könnte
auch einwenden, daß du Bois-Reymond ja einwandfrei bewiesen habe, daß die Fische Töne, die von niederen Schwingungen nicht begleitet sind, nicht hören, aber es ist eben ein
außerordentlicher Unterschied zwi-
schen einem planlos gesetzten Reiz,
der dem Tiere nichts sagt, und einem
Dressurreiz. Bei diesem wird das Tier
in wochenlangen Vorversuchen daran
gewöhnt, nur dann sein Futter zu
bekommen, wenn gleichzeitig ein bestimmter Ton erschallt. Durch diese
Verbindung mit dem Fressen wird
dem Fisch der sonst völlig gleich-
gültige Ton sympathisch, er bekommt
einen Inhalt, einen Wert, und so
achtet er auf ihn. Die Dressurversuche
haben nun, planvoll durchgeführt, ergeben, was anfangs keiner erwartet
hatte: Die Fische können, wenn sie

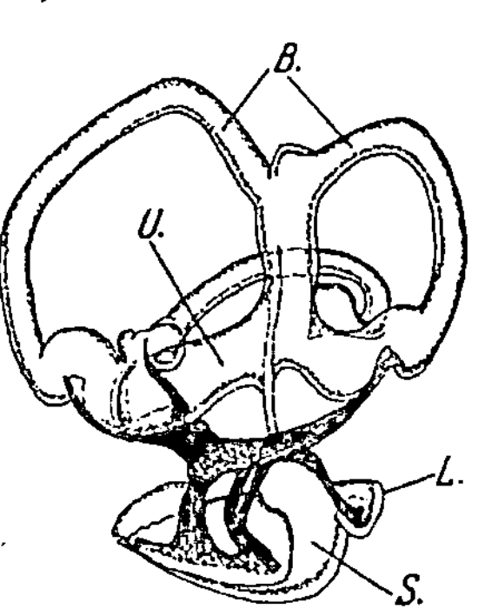

Abb. 39. Labyrinth eines
Fisches (Lophius piscato-
rius). B. Bogengänge, L. La-
gena, S. Sacculus, U. Utriculus. Nach Retzius.

wollen, mindestens so gut hören wie der Mensch. Nachdem
dies festgestellt war, ging man daran, nach dem Gehörorgan
der Fische zu suchen. Natürlich war es von vornherein mit
großer Wahrscheinlichkeit zu erwarten, daß es, genau wie bei
Frosch und Mensch, im Ohre gelegen ist.

Das Ohr der Fische ist äußerlich nicht sichtbar. Öffnet
man aber einen Fischschädel, so findet man rechts und links
vom Gehirn einen höchst kompliziert gestalteten Apparat,
der sich aus den folgenden Teilen zusammensetzt (Abb. 39):
Zwei unscharf voneinander abgesetzte sackartige Räume, die
man Utriculus und Sacculus benennt, und, vom ersten ausgehend, drei im Halbkreis geschwungene Kanäle. Von all
diesen Dingen wird Genaueres zu sagen sein, wenn wir uns

den sogenannten Gleichgewichtssinn betrachten. Hier wollen wir nur den Sacculus ein wenig näher unter die Lupe nehmen. Sehr lange Zeit hat man dieses Organ für ein dem Utriculus gleichwertiges gehalten und den Gleichgewichtsapparaten zugerechnet. In der neuesten Zeit ist es aber einigen Forschern gelungen, diese beiden Säcke getrennt zu operieren, so daß man Fische erhielt, die nur noch die Utriculi, und andere, die nur noch die Sacculi besaßen. Beide sind nach gelungener Operation durchaus munter, aber sie benehmen sich total verschieden. Die ohne Utriculi torkeln beim Schwimmen ungeschickt umher, aber von ihrem Vermögen, sich auf Töne dressieren zu lassen, haben sie nichts eingebüßt. Die ohne Sacculi dagegen schwimmen in ganz normalem Gleichgewicht, aber mit dem Hören ist es aus. Also ist der Sacculus das Gehörorgan der Fische. Dies würde nun, abgesehen davon, daß es eine schöne Entdeckung ist, nichts Besonderes bedeuten: Schließlich ist es doch klar, daß die Fische, wenn sie überhaupt hören, auch ein dazu geeignetes Sinnesorgan besitzen müssen. Da wir aber gesehen haben, daß undressierte Fische in keiner Weise auf irgendwelche Töne reagieren, und da sie selbst stumm sind, ergibt sich hieraus eine sehr große Schwierigkeit: Wozu, dies muß sich doch wohl ein jeder fragen, haben die Fische denn überhaupt ein so schönes Gehörorgan und einen so fein abgestuften Gehörsinn, wenn sie in ihrem natürlichen Leben gar keinen Gebrauch davon machen? Die Fische leben schon mehrere hundert Millionen Jahre. Haben sie in dieser fast unendlich langen Zeit den Gehörsinn mit Zähigkeit von einer Generation zur anderen vererbt, nur damit ein paar Gelehrte des 20. Jahrhunderts sich den Spaß machen können, einige wenige von ihnen auf Töne zu dressieren?

Man muß also wohl vernünftigerweise annehmen, daß der Sacculus normalerweise eine andere Funktion hat, und daß es, bei Lichte besehen, nur ein Zufall ist, daß die Fische auch Schallwellen mit seiner Hilfe wahrnehmen können. Worin aber diese Funktion besteht, dies ist von der Wissenschaft bis zur Stunde noch nicht klar erkannt worden.

5. Vom Riechen und Schmecken.

Es gibt unendlich viele Tiere, die nicht hören können und, besonders unter den niederen, eine recht große Zahl, für welche das Licht keinen Reiz bedeutet. Aber es gibt kein einziges Tier auf der ganzen Welt, das nicht für bestimmte chemische Reize empfänglich wäre. Der chemische Sinn kann also eine gewisse Universalität für sich beanspruchen. Es hängt dies damit zusammen, daß man zum Fressen einiger chemischer Kenntnisse bedarf. Auch das allerniederste Tier, etwa eine Amöbe, die auf dem Grunde eines Tümpels träge umherkriecht, muß schließlich imstande sein, ein Sandkorn von einer Alge oder einem anderen genießbaren Lebewesen zu unterscheiden, sonst würde sie elendiglich verhungern.

Der chemische Sinn ist aber keineswegs nur dazu da, daß die Tiere Genießbares und Ungenießbares unterscheiden können. Seine Ziele sind sehr viel weitergesteckt. Das Leben auf der Erde tritt uns in einer beinahe unübersehbaren Menge verschiedener Arten entgegen: Tiere, Pflanzen und Bakterien. So viele ihrer sind, soviel Artgerüche gibt es auch. Wir wissen dies selbst am besten von den Pflanzen, deren Blüten, Blätter und Früchte sehr oft einen durchaus charakteristischen Geruch entfalten. Die Bakterien besitzen wohl keinen Eigengeruch, daß sie aber durch ihre Stoffwechselprodukte einen meist recht intensiven Duft erzeugen, wissen wir in genügendem Maße vom Käse, von den Fäulnisbakterien und vielem anderen. Auch der Geruch der heimatlichen Scholle stammt von den Bakterien, die in ihr hausen. Und was endlich die Tiere anlangt, so brauchen wir bei dieser hier angeschnittenen Frage nicht gerade an das Stinktier oder den Iltis zu denken. Auch die Tiere, die für uns selbst keinen deutlichen Geruch besitzen, werden von ihren Artgenossen und von anderen Tieren, zu denen sie biologische Beziehungen haben, in den allermeisten Fällen mit Sicherheit am Geruch erkannt oder, wie man sagt, gewittert. Wir sehen also, daß neben dem Geschmacksvermögen das sogenannte Witterungsvermögen eine zweite grundwichtige Leistung des chemischen Sinnes darstellt. Bei zwei besonders hoch entwickelten Tier-

klassen, den Wirbeltieren und den Insekten, kann man diese
beiden Vermögen vollkommen voneinander trennen und verschiedenen Sinnen zuordnen: dem Geschmacksinn und dem
Geruchsinn. Wir riechen mit der Nase und schmecken mit
unserer Zunge. Der Riechnerv, der von der Nase ausgeht,
mündet bei sämtlichen Wirbeltieren als vorderster aller Hirn-
nerven in das Zentralnervensystem ein, während erst der
siebente und der neunte Hirnnerv die Aufgabe hat, die Ge-

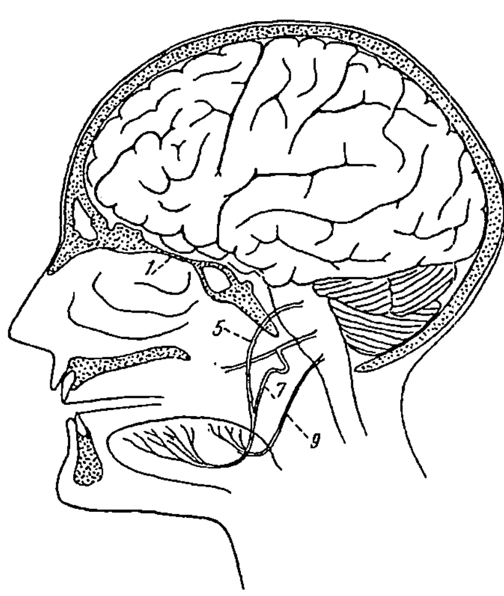

Abb. 40. Schematischer Medianschnitt durch
Menschenkopf. 1 Eintrittsstelle der Riech-
nerven, 5, 7, 9 Nerven, die zur Zunge ziehen.

schmacksreize der Zunge
dem Gehirn zuzuleiten
(Abb. 40). Was uns in
dieser sehr klaren Weise
die Anatomie lehrt, be-
stätigt das physiologi-
sche Experiment. Es ist
leicht, einem Fisch das
ganze Vorderhirn abzu-
tragen. Riechen kann er
dann nicht mehr, aber
trotzdem läßt er sich vorzüglich auf Geschmacks-
stoffe dressieren.

Bei den Insekten lie-
gen die Dinge ähnlich.
Die Biene riecht mit
ihren langen Fühlern,
aber sie schmeckt mit
Hilfe ihrer Mundwerkzeuge. Auch bei ihr kann man daher
durch Abschneiden der Fühler beide räumlich gesonderten Sinne
voneinander trennen. Bei allen anderen Tieren, Würmern,
Schnecken, Muscheln und wie sie alle heißen, ist es dagegen
noch niemandem gelungen, ein derartiges Experiment auszuführen. Die Krebse z. B. riechen auch mit ihren Fühlern;
wenn man aber diese Riechfühler abschneidet, ist der Krebs
noch immer fähig, seine Nahrung zu wittern. Dies liegt daran,
daß er außer an den Fühlern auch noch an anderen Körperstellen, z. B. am Munde, vielleicht auch im Kiemenraum,
Riechzellen besitzt. Aus diesen und ähnlichen Befunden hat

122

nun die strenge Wissenschaft einen sehr merkwürdigen Schluß gezogen: Es wird nämlich allenthalben gelehrt, daß alle diese Tiere nur einen einzigen unteilbaren chemischen Sinn besitzen sollen!

Ist er berechtigt? Meiner Ansicht nach kaum! Man kann viel besser im Rahmen der Tatsachen bleiben, wenn man die Annahme macht, daß bei diesen Tieren nur die *räumliche Trennung* beider Sinne fehlt. Ihre Sinneszellen liegen dicht beieinander; die winzigen Gehirne vermögen wir nicht zu operieren, und so fehlt uns der experimentelle Nachweis des gesonderten Vorkommens beider Sinne, die aber dennoch sehr wohl nebeneinander existieren können.

Wir werden daher im folgenden bewußtermaßen die Annahme machen, daß überall im Tierreiche beide chemischen Sinne nebeneinander bestehen und uns zunächst einiges vom Geruchsinn betrachten.

Die Witterung und die Liebe. Es ist eine der reizvollsten Fragen der Biologie, wie sich bei den Tieren die Hochzeiter zusammenfinden, zugleich ist sie eine der wichtigsten. Alles Leben auf der Erde wäre schon längst erloschen, wären nicht die sorgsamsten Vorkehrungen dafür getroffen, daß zur Zeit der Liebe jegliches Getier zu seinem Partner kommt. Bekanntlich haben die männlichen Tiere die Aufgabe, die weiblichen aufzusuchen, und bei sehr vielen Arten ist dies sogar ihr einzigster Lebenszweck. Bei den Herdentieren, denen in diesem Zusammenhang auch der Mensch zuzurechnen ist, ist dies ja nun weiter kein Kunststück, aber das meiste von allem Getier, das auf der Erde oder im Wasser sich tummelt, wächst einsam auf und lebt einsam, und die Paarungszeit ist die einzige im ganzen Leben, in der die Lebenswege zweier Artgenossen für eine kurze Zeit sich kreuzen. Denken wir etwa an einen Schmetterling. Die Raupe hat ihr ganzes Leben in völliger Einsamkeit auf ihrer Nährpflanze zugebracht und sich um nichts anderes gekümmert als darum, sich recht vollzufressen, zur Verpuppung ist sie dann irgendwo in die Erde gekrochen, noch einsamer denn zuvor. Wenn dann im Frühjahr der männliche Falter die Puppenhülle sprengt, ist ihm sofort die Aufgabe gestellt, ein Weibchen seiner Art aufzusuchen und sich mit ihm zu paaren? Wie macht er das?

Gehen wir nachts in den sommerlichen Wald, so umschwirren uns bald unzählige derartige Geschöpfe. Es gibt Hunderte verschiedener Nachtschmetterlinge, dem Laien sämtlich gleich aussehend und selbst für den Fachmann oft schwer zu unterscheiden. Daß sie sich Art für Art aus diesem Getümmel herausfinden, ohne Zweifel, ohne Eheirrung, die kaum jemals vorkommt, verdanken sie nur ihrem unsagbar feinen Geruchssinn. Von jedem weiblichen Falter, ob er im Grase sitzt oder selber herumfliegt, muß ein ganz feiner, nur für seine Art charakteristischer Geruch ausgehen. Er ist so zart, daß wir Menschen ihn auch dann nicht wahrnehmen, wenn wir uns ein solches Tierchen dicht vor die Nase halten [1], und die ganze Waldesluft muß neben allen anderen Düften erfüllt sein von Hunderten derartiger Artgerüche. Trotz dieser uns unüberwindlich scheinenden Schwierigkeiten findet jedes liebestrunkene Männchen mit Hilfe seiner oft gewaltig entwickelten Fühler (Abb. 41) in oft überraschend kurzer Zeit das Ziel seiner Wünsche.

Die Sammler haben sich diese Fähigkeit der männlichen Nachtfalter zunutze gemacht. Besonders unter den Spinnern gibt es eine ganze Reihe von Arten, deren Männchen man auf keine andere Weise so leicht und sicher fangen kann. Man muß nur ein frischgeschlüpftes Weibchen zur Hand haben. Man setzt es in einen kleinen Gazekäfig und geht damit spätabends dorthin, wo derartige Falter fliegen. Es dauert dann eine Weile, und meist zu ganz bestimmter Zeit, etwa um 11 Uhr oder um Mitternacht kommt der erste Freier, dem bald der zweite oder gar eine ganze Anzahl folgen. Selbst mitten in der Stadt am Fenster kann man derartige Experimente anstellen, und mancher Sammler hat es erlebt, daß bei häufigen Arten Dutzende männlicher Spinner sein Zimmer bevölkerten.

Die Schmetterlinge sind nur ein Bespiel unter vielen. Es ist kaum ein Zweifel daran möglich, daß auch die meisten

---

[1] Nur einige tropische Falter verbreiten mit Hilfe ihrer Duftorgane einen Duft, der auch Menschen auffällt.

anderen niederen Tiere, etwa Schnecken, Regenwürmer nur
mit Hilfe ihres Geruchs einander zur Paarung finden, wenngleich die Wissenschaft Positives hiervon noch nicht weiß.
Wie sollen sie es denn sonst machen? Sehen können sie
sich nicht, und daß zwei nah verwandte Schnecken, für uns
nur durch eine etwas andere Zeichnung ihres Gehäuses
unterscheidbar, etwa durch Befühlen sollten feststellen können, ob der andere ein Artgenosse oder nur ein Vetter ist,
dies ist nahezu unvorstellbar.

Der Seeigel und die Seeigelin paaren sich überhaupt nicht.
Ihr ganzes „Liebesleben" beschränkt sich darauf, daß sie
zur Zeit der Reife ihre Eimassen oder Samenmassen ins freie
Meerwasser ausstoßen. Die beweglichen Samenfäden schwimmen dann umher und voll-
ziehen an irgendeinem der
ihnen begegnenden Eier die
lebensnotwendige   Befruch-
Aber auch dieser so überaus
einfache Vorgang muß vom
chemischen Sinn gelenkt und
geleitet werden. Es würde gar
keinen Sinn haben, wenn ein
Mann seinen Samen ausfließen
ließe, solange keine Eier zur
Stelle sind. Sie würden in

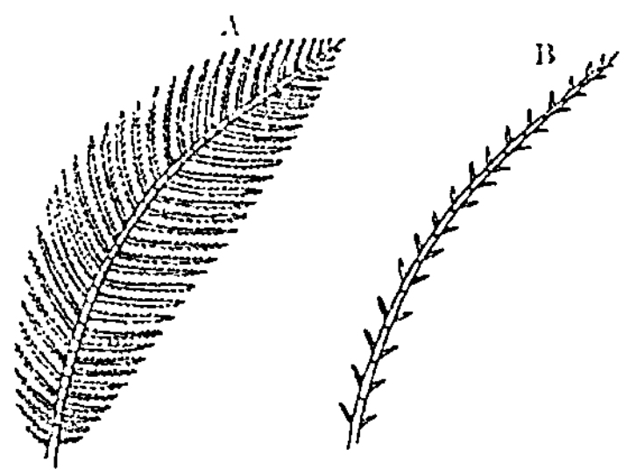

Abb. 41. Fühler A eines männlichen,
B eines weiblichen Nachtpfauenauges.
Original.

ganz kurzer Zeit, von den Wellen hierhin und dorthin getra-
gen, sich völlig zerstreuen, und wenn ein paar Stunden
später ein weibliches Tier seine Eier entleerte, würden sie
keine Gelegenheit zur Befruchtung haben. Um dies zu ver-
meiden, gelangt beim Entleeren der Geschlechtszellen irgendein noch nicht näher bekannter chemischer Stoff ins Wasser,
der für die benachbarten Seeigel anderen Geschlechts das
Signal dazu ist, das gleiche zu besorgen. Hat also einmal
einer angefangen, so kommt es zu einer Art Epidemie, ganze
Wolken weißlichen Spermas und durchsichtiger Eier werden
gleichzeitig und dicht beieinander ins Wasser gestoßen, und
der Zufall hat es leicht, beide Elemente zu vereinen.

Bei den höheren Tieren, über die wir bisher geschwiegen

haben, liegen die Dinge vielfach etwas anders. Es unterliegt keinem Zweifel, daß bei den Vögeln der Geruch keine Bedeutung für die Sexualbiologie besitzt. Der Gesang ist hier wohl das Hauptmittel, welches die Geschlechter zusammenführt, und sie erkennen sich wohl gegenseitig am Gefieder. Aber bei der höchsten Tierklasse, den Säugetieren, tritt die Bedeutung des Geruchs wiederum scharf hervor. Es bedarf keiner allzu tiefen Gelehrsamkeit, um dies zu erkennen. Das tägliche Leben belehrt uns mit Sicherheit, daß z. B. der Hund die Hündin am Geruche erkennt. Es heißt, daß gelegentlich die Herrn Verbrecher sich diese Tatsache zunutze machen. Wenn es darauf ankommt, einen Hof zu betreten, der von einem scharfen Wächterhunde bewacht wird, sollen sie sich mit der Witterung einer Hündin versehen und dann vom Hofhunde, vor dem sie gewissermaßen maskiert erscheinen, nicht mit Zähnefletschen, sondern mit freundlichem Wedeln empfangen werden.

Freund und Feind. Ebenso wie der untrügliche chemische Sinn das Männchen zum Weibchen führt, klärt er das meiste Getier auch darüber auf, wer Feind und wer Freund ist. Natürlich setzt auch dies bei den niederen Tieren keinerlei Erfahrung voraus, sondern geschieht auf Grund altererbter Instinkte. Die Überlegenheit des chemischen Sinnes über die anderen Sinne liegt auch hier auf der Hand. Einen Feind, der einen verspeisen möchte, kann man, bevor man ausreißt, nicht gut abtasten und befühlen. Der Tastsinn ist also für diesen Dienst denkbar ungeeignet. Der Gesichtsinn ist, wie wir sahen, bei den meisten niederen Tieren viel zu schlecht entwickelt, als daß er hier etwas leisten könnte. Es bleibt also auf dem Wege des Ausschlusses eigentlich nur der chemische Sinn übrig. Seine Aufgabe ist nicht schwer. Seit Jahrmillionen hat der Seestern die Gewohnheit, Muscheln und Schnecken zu fressen; er ist ihr Erbfeind geworden, und so ist nur die Ausbildung eines Instinktes nötig, der dem Tiere die Flucht befiehlt, sobald es nach Seestern riecht. Wir haben einen solchen Fall bereits kennengelernt, als wir das Bewegungssehen der Pilgermuschel besprachen (vgl. S. 74). Auch die Flucht der Schnecke

Nassa gehört hierher (vgl. S. 12). Es braucht aber nicht immer der Seestern zu sein. Auch die Raubschnecke Murex ist ein heimtückischer Feind anderer ihrer Sippe. Zu ihnen gehört auch die eigentümliche Napfschnecke Patella, die man an felsigen Gestaden in der Brandungszone fest an den Stein geschmiegt findet. Für jemanden, dem es auf das Beobachten lebender Tiere ankommt, ist eine solche Napfschnecke das langweiligste Tier von der Welt. Sie sitzt meist bewegungslos da, und nur selten ertappt man sie dabei, daß sie in der Nähe ihres festen Wohnplatzes, zu dem sie stets zurückkehrt, die spärlich wachsenden Algen abweidet. Aber man kann sie auf den Trab bringen, wenn man eine Murex in ihre Nähe setzt. Sie wittert ihren Feind und weiß sich ihm durch ein beschleunigtes Marschtempo mit Erfolg zu entziehen.

Das Auffinden der Nahrung ist für den Kulturmenschen kein Problem. Man geht in den Laden und kauft sie, oder noch besser, man setzt sich an den gedeckten Tisch, auf dem schon die dampfenden Schüsseln stehen. Aber gelegentlich kommt es doch vor, daß wir, gleichsam in den Naturzustand zurückfallend, selbständig auf die Nahrungssuche gehen. Im Walde gibt es Erdbeeren, Blaubeeren und Pilze, und jeder von uns hat schon manch liebe Stunde seines Lebens damit verbracht, diese leckeren Dinge einzusammeln. Aber unsere Nase brauchen wir dabei keineswegs, die rote oder blaue Farbe, die aus dem Grün der Blätter hervorleuchtet, weist uns den Weg. Bei den Pilzen geht dies aber nicht immer. Die herrliche Speisetrüffel verbringt ihre Tage, unter der Erde versteckt, im Schatten breitkroniger Eichen. Will der Mensch Trüffeln suchen, so kann er dies nur mit der Nase tun, und da seine eigene hierzu nicht ausreicht, leiht er sie sich — vom Schwein. Er legt also seinem Schwein ein Halsband um und geht mit ihm auf die Wiese, auf der die Eichen stehen, und freut sich, wenn das Tier, seiner feinen Witterung folgend, zu wühlen beginnt. Aber gerade, wenn es eine Trüffel herausgeholt hat und sich anschickt, sie zu verspeisen, steckt ihm der Mensch einen Knüppel in den Rachen und die Trüffel sich selber in die Tasche.

So sehen wir, daß schon bei manchen der höchststehenden
Tieren die Nase das wichtigste Instrument ist zur Nahrungssuche. Bei den übrigen Tierklassen liegen die Dinge verschieden. Von den Vögeln wittern vielleicht nur die Enten
ihre Beute, und auch bei den Kaltblütern ist der Geruch
für das Auffinden der Nahrung zwar nicht bedeutungslos,
aber auch nicht von besonderer Wichtigkeit. Wahre Wun-
derdinge gibt es aber auch hier von den Insekten zu berichten.

Die Schlupfwespe muß ihre Eier in ein lebendiges Tier,
meist in eine Insektenlarve hineinlegen. Nur hier, eingebettet
im weichen Fettkörper, von dem sie zehrt, vermag die Larve
der Schlupfwespe zu gedeihen. Wenn das Beutetier frei auf
einem Blatte sitzt, wie es etwa die Kohlweißlingsraupen tun,
ist es vielleicht nicht sehr schwierig für die Schlupfwespe,
sie zu entdecken. Sie fliegt den ganzen Tag von Kohlblatt
zu Kohlblatt und sucht jedes von ihnen systematisch nach
Raupen ab. Manche dieser Wespen haben es aber gerade
auf solche Larven abgesehen, die tief im Holze versteckt
ihr Leben verbringen. Die Holzwespenlarven z. B., die mit
ihren starken Kiefern die dicksten Bretter zernagen können,
leben unter der Rinde im Kernholze der Nadelbäume. Wenn
ein Mensch die Aufgabe bekäme, genau den Ort festzustellen,
an dem sich so eine Larve befindet, so würde er in die größten Schwierigkeiten geraten. Ich weiß wirklich nicht, ob
es trotz aller modernen Technik überhaupt möglich wäre,
dies seltsame Problem zu lösen. Die große Schlupfwespe
Ephialtes betrillert mit ihren langen Fühlern, ihren Geruchs-
organen, einen ihr verdächtigen Baum. Lange Zeit läuft sie
herauf und herunter, immerfort mit ihren Fühlern in
emsigster Bewegung (Abb. 42). Endlich hat sie die richtige
Stelle gefunden, sie bleibt am Ort, krümmt ihren Hinterleib und
setzt den haarscharfen Bohrer auf die Rinde. Durch sorgsames
Auf- und Abwärtsführen bohrt sie mit ziemlicher Geschwindigkeit ein Loch quer durch die Rinde und Holz und mitten
in den weichen Leib der Larve, die es vielleicht gar nicht
merkt, wenn das todbringende Ei in ihren Körper hineingleitet.

Andere Schlupfwespen leisten anderes. So gibt es welche,
die die Mehlmotte bekämpfen, die in Getreidespeichern ihr

Unwesen treibt und in einem Gespinst verborgen nur mit dem
Geruchsinn entdeckt werden kann. Die Schlupfwespe erkennt nicht nur ihre Beute als solche, sondern weiß auch
ganz genau, in welchem Zustande sie sich befindet. Die ver-
puppte Raupe ist aus den verschiedensten Gründen untauglich,
und es soll nie vorkommen, daß sich die Schlupfwespe an
einer solchen Puppe vergreift.

Etwas von den Geruchsstoffen. Während man Töne und
Farben sehr leicht in eine bestimmte Ordnung fügen kann,
gibt es bei den Gerüchen vorderhand eine unübersehbare

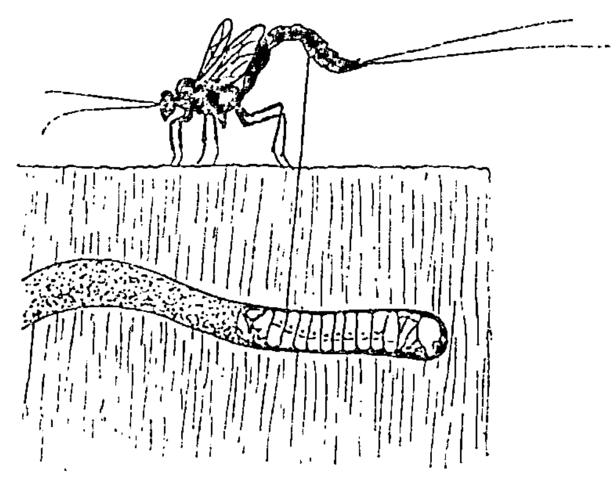

Abb. 42. Schlupfwespe Ephialtes, eine im Holz verborgene Holzwespenlarve
anstechend. Nach D o f l e i n.

Mannigfaltigkeit. Einige Forscher haben zwar das kühne
Wagnis unternommen, auch für sie eine Art von System
aufzustellen, und bezeichnenderweise ist es sogar der alte
L i n n é in Person gewesen, der auf diesem Gebiete die ersten
Schritte tat. Es folgt ihm Z w a a r d e m a k e r , der neun
verschiedene Geruchsklassen aufstellte, und später H e n -
n i n g , der deren sechs annimmt: würzige, blumige, fruch-
tige, harzige, faulige, brenzlige Gerüche. Alles, was nicht
unmittelbar zu einem dieser sechs Typen paßt, soll den
Charakter eines Übergangsgeruchs zwischen je zweien von
ihnen haben. Es kann gar nicht geleugnet werden, daß diese
Versuche, eine klare Ordnung aufzustellen, für die Wissen-

schaft sehr nützlich sind, aber eine wirkliche Aufklärung
haben sie bisher nicht ergeben.

Vor allem fehlt es noch an einer klaren Beziehung zwischen der Geruchsempfindung und dem Wesen des Riechstoffes. Gerade hierin macht sich der ungeheure Abstand
bemerkbar zwischen unserer schon recht weit geführten
Kenntnis der Optik und Akustik und unserem bescheidenen
Wissen in der Sphäre des Geruchs. Für jeden Ton und jede
Farbe läßt sich mit größter Präzision die Zugehörigkeit einer
bestimmten Schwingungsfrequenz nachweisen, wodurch sich
aber die einzelnen Riechstoffe voneinander unterscheiden, dies
kann vorläufig niemand mit Sicherheit angeben. An Hypothesen fehlt es freilich auch auf diesem schwierigen Gebiete
nicht, aber bei der noch bestehenden Unsicherheit erübrigt
sich ein genaueres Eingehen.

Mit Sicherheit läßt sich behaupten, daß in den verschiedensten Geruchsstoffen stets gewisse Elemente wiederkehren,
und zwar sind von allen Elementen, die wir kennen, nur die
folgenden 15 am Aufbau der Riechstoffe aktiv beteiligt:
Kohlenstoff, Silizium, Stickstoff, Phosphor, Arsen, Antimon,
Wismut, Sauerstoff, Schwefel, Selen, Tellur, Fluor, Chlor,
Brom, Jod. Die vier letztgenannten, die Halogene, riechen
schon im reinen, elementaren Zustande, bei den anderen sind
es nur ihre Verbindungen, von denen manche wiederum sehr
einfach sind, wie der Schwefelkohlenstoff, der Arsenwasser-
stoff, das Ammoniak oder die Osmiumsäure. Diese einfachen Riechstoffe sind indessen eine seltene Ausnahme. Die
meisten von ihnen sind hochkomplizierte organische Körper.
Mit Sicherheit kann ferner behauptet werden, daß alle Riechstoffe chemisch aktiv sind, denn sie müssen doch jedenfalls
mit dem Plasma der Riechzelle irgendeine chemische Umsetzung eingehen, damit sie als Reiz wirken können.

Die Riechstoffe müssen noch eine andere sehr merkwürdige Eigenschaft haben, nämlich flüchtig sein. Von der
Oberfläche eines Riechstoffes werden fortwährend winzige
Partikelchen abgeschleudert, die sich in der Luft rasch verbreiten. Wäre dies nicht der Fall, so könnte man einen
solchen Stoff, der frei auf dem Tische liegt, unmöglich aus

der Entfernung wahrnehmen. Man ist imstande gewesen, diese Flüchtigkeit der Riechstoffe zu messen, denn sie verlieren auf diese Art ständig an Gewicht. So wurde festgestellt daß von 1 qmm Oberfläche das Lavendelöl in jeder Sekunde 0,0000 mg entweichen. Diese frei in der Luft sich tummelnden Duftmoleküle sind es, die mit der Atemluft in unsere Nase gelangen und unsere Schleimhäute reizen.

Die Empfindlichkeit unseres Riechorgans für solche Riechstoffe grenzt ans Phantastische. Kein einziges unserer chemischen Reagenzien erreicht auch nur annähernd die gleiche Präzision. In vielen Versuchen haben sich die verschiedensten Forscher mit der Feststellung der geringsten gerade noch wahrnehmbaren Konzentration der einzelnen Riechstoffe beschäftigt. Dabei hat sich ergeben, daß z. B. das Vanillin noch dann mit Sicherheit gerochen wird, wenn in einem Liter Luft nur der millionste Teil eines Milligramms enthalten ist. Natürlich ist dies nur durch die vollkommene Zerstäubung der Substanz in ihre einzelnen Moleküle möglich, und der Chemiker belehrt uns, daß in dieser anscheinend so verschwindend kleinen Gewichtsmenge immer noch eine recht stattliche Anzahl einzelner Moleküle vorhanden ist, nämlich 4,7 Milliarden.

Für den Sinnesphysiologen ist die Tatsache besonders erstaunlich, daß die Zahl der möglichen Geruchsempfindungen anscheinend eine unbegrenzte ist. Der Dichter T h o m a läßt in einem seiner Lustspiele eine Dame, die unverhofft ins Gefängnis kommt und hier die „nähere“ Bekanntschaft einer Reihe ihr sonst fremder Menschentypen macht, in den Schreckensruf ausbrechen: „Ich habe gar nicht gewußt, daß es solche Gerüche überhaupt gibt!“ Damit ist in einer sehr drastischen Weise die ganze Situation gekennzeichnet. Im Gebiete der Farben und der Töne werden wir keine neuen Sensationen erleben, und wenn wir die ganze Welt durchstreifen. Es werden uns höchstens neue Kombinationen begegnen, aber bestimmt keine neuen elementaren Sinneseindrücke. Bei der Nase dagegen muß man sich schon auf alles gefaßt machen.

Die chemische Industrie erzeugt jahraus, jahrein eine ganze

Menge noch nie dagewesener Riechstoffe, von denen mancher
einen durchaus charakteristischen mit nichts zu verwechselnden Geruch besitzt, den vorher noch kein Mensch auf der
ganzen Erde jemals empfunden hat. Von allen Rätseln,
welche unsere Nase uns aufgibt, ist dies das größte. Wären
wir mohammedanische Fatalisten, so wüßten wir vielleicht
einen Ausweg. Wir würden dann sagen, daß ebenso wie das
Leben jedes einzelnen bis ins kleinste durch die Vorsehung
geregelt ist, auch bei der Konstruktion unseres Riechorgans
von vornherein mit allen zukünftigen Erfindungen gerechnet
wurde. Unsere andersgeartete Weltanschauung hindert uns
an diesem Glauben. Für den Laien liegt nun vielleicht die
Annahme am nächsten, daß ein neuer Riechstoff die Sinneszellen in einer gänzlich neuen Weise reizt. Aber wir lernten
ja in einem früheren Kapitel, daß jede Sinneszelle, gleichgültig wie sie gereizt wird, stets die gleiche Erregung zum
Zentrum sendet, und der Naturforscher wird sich kaum
bereit erklären, dieses allgemein anerkannte Gesetz mir nichts
dir nichts aufzugeben. Die einzige Möglichkeit, alle diese
Schwierigkeiten zu umgehen, bietet vielleicht die sogenannte
Komponententheorie. Sie nimmt an, daß unsere Nase eine
große Anzahl verschiedener Riechzellen enthält, deren isolierte Reizung verschiedene Empfindungen im Gehirn auslöst. Normalerweise geschieht es aber vielleicht nie, daß nur
eine solche Sorte gereizt wird, auch einfache Reizstoffe, wie
etwa das Ammoniak, werden auf eine ganze Reihe von
ihnen einwirken, und was dabei als Empfindung herauskommt, ist das Werk des Zusammenklingens aller dieser
Primärempfindungen zu einer höheren Einheit, ebenso wie
wir ein Bild als eine einheitliche Empfindung betrachten
und unserem Gedächtnis einverleiben, obgleich es aus einer
Unzahl einzelner Lichteindrücke sich zusammensetzt. Wenn
ich nun einen noch nie dagewesenen Stoff wie die Osmiumsäure (O_5O_4) rieche, so wird dabei vielleicht eine Kombination von Sinneszellen gereizt, die sonst niemals in gemeinsamer Tätigkeit zusammenklingen; es entsteht, wenn ein
kühner Ausdruck erlaubt ist, ein neues Geruchsbild und
damit eine völlig neue Empfindung.

Eine gewisse Stütze erhält diese Theorie durch die folgende höchst merkwürdige Tatsache. Es gibt eine Reihe von Riechstoffen, deren Geruch je nach der angewandten Konzentration durchaus verschieden ist. So riecht das Ionon in stark verdünntem Zustande nach Veilchen, in gewisser Konzentration dagegen etwa wie Zedernholz. Um dies zu verstehen, braucht man sich nur vorzustellen, daß bei verschiedener Konzentration verschiedene Sinneszellen ihrem Schwellenwerte entsprechend gereizt werden. Die Kombination der an der Entstehung des Geruchsbildes beteiligten Sinneszellen ist also eine andere bei großer Verdünnung als bei großer Konzentration, und daher ändert sich der Geruch. Die verschiedenen, recht weit reichenden Anforderungen, die wir in physikalischer und chemischer Hinsicht an die Geruchsstoffe stellen müssen, sind überall im Tierreich dieselben. Auch für einen Molch, ein Insekt oder einen Krebs müssen die Geruchsstoffe die Eigenschaft der Flüchtigkeit und der Aktivität in sich vereinigen, und da es nicht beliebig viel solcher Stoffe gibt, so ist es von vornherein nicht ganz unwahrscheinlich, daß im großen und ganzen überall die gleichen Substanzen als Geruchsstoffe zur Geltung kommen. Wir können diesen Satz freilich noch nicht in vollem Umfange beweisen, aber in einem besonderen Falle hat er eine wahrhaft glänzende Bestätigung gefunden.

Das Lebewesen, dessen Geruchsinn nächst dem des Menschen am besten erforscht worden ist, ist merkwürdigerweise die Biene. In langen Versuchsserien und mit fein ausgedachter Technik hat ein bekannter Bienenforscher die Biene auf alle möglichen Riechstoffe dressiert, die er der Nahrung zusetzte. Die Biene merkt sich sehr bald, daß der Dressurgeruch sie zum gedeckten Tische führt, und prägt ihn sich aufs schärfste ein. Und hierbei zeigt es sich, daß alle Stoffe, die auf unsere Nase irgendeinen Eindruck machen, auch für die Fühler der Biene tauglich sind. Solche dagegen, die uns geruchlos erscheinen, besitzen auch für die Biene keinen Reizwert.

Eigentlich gibt es nur eine einzige Ausnahme von dieser Regel. Die Bienen scheiden nämlich selbst einen eigenartigen

Duft aus mit Hilfe eines besonderen am Hinterleib befindlichen Duftorgans und benutzen diesen Eigenduft in weitestem Maße zur gegenseitigen Verständigung. Er wirkt offenbar sehr stark auf sie, wir aber merken ihn fast gar nicht.
Solche Fälle gibt es auch sonst im Tierreich überall. Wir
können auch den Duft des Schmetterlingsweibchen meist
nicht wahrnehmen, der die männlichen Falter über Hunderte
von Metern anlockt, und auch die Geruchsleistungen des
Hundes sind uns unfaßbar. Ein gut dressierter Hund, der
auf die Witterung einer bestimmten Person eingestellt ist,
kann ein Stück Holz, das diese Person nur zwei Sekunden
in der Hand hielt, mit Sicherheit aus vielen gleichartigen
Hölzern herausfinden. Es beeinträchtigt ihn auch nicht,
wenn man das Holz zugleich mit irgendeiner starkriechenden
Substanz maskiert. Stehen nun alle solche Beispiele im
Gegensatz zu dem Gesetz der Gleichartigkeit der Geruchsstoffe für alle Tiere? Ganz gewiß nicht! Wir wissen, daß es
bei jedem Reiz einen Schwellenwert gibt, dessen Stärke er
mindestens erreichen muß, wenn er auf die Sinneszelle wirken soll. Beim Vanillin betrug der Schwellenwert für unsere
Nase 4,7 Milliarden Moleküle im Liter Luft. Dies ist eine
ganz gewaltige Zahl, und somit ist es sehr wohl vorstellbar,
daß andere Organismen für die gleichen Stoffe einen viel
niedrigeren Schwellenwert besitzen. Wir werden ihn dann
gar nicht merken, während schärfer riechende Organismen
lebhaft auf ihn ansprechen können.

Der Geschmacksinn. Im täglichen Leben gibt man sich
meist von der Leistung des Geschmackssinnes keine genügende
Rechenschaft. Ein gut hergerichtetes Diner bedeutet für den
Schlemmer eine große Zahl erlesener kulinarischer Genüsse,
ein jeder von den anderen so verschieden, wie es die Farben
des Regenbogens sind. Es scheint also, daß auch der Geschmacksinn die Möglichkeit zu einer Fülle verschiedener
Empfindungen bietet. Wenn man aber vom Schnupfen ge-
plagt wird, so bemerkt man plötzlich, daß auch das beste
Essen keine Freude macht, alles schmeckt jetzt abscheulich
fade wie Holz oder Stroh. So lernen wir an uns selbst und
ohne jedes gelehrte Experiment, daß es eigentlich die Nase

und gar nicht die Zunge ist, mit welcher wir schmecken. Das Beefsteak kann noch so herrlich munden, die Zunge ist an diesem Genuß nur so weit beteiligt, als sie uns die Empfindung salzig vermittelt, alles andere verdanken wir den Wohlgerüchen, die von der Mundhöhle, in der wir den Bissen kauen, durch die engen Nasenrachengänge zur Nase emporsteigen. Hier, in den verborgenen Falten des Riechepithels, sitzen die Kunstrichter, auf deren Urteil es ankommt, ob wir den Koch loben oder tadeln. Hier erst wird festgestellt, ob die Suppe verbrannt oder die Butter ranzig ist, hier und nicht auf der Zunge prüft der Weinkenner die Güte des neuen Jahrganges.

Unsere Zunge selbst ist ein plumpes und unbeholfenes Ding, und ihre Sprache kennt nur vier Worte: Süß, Sauer, Salzig und Bitter. Der Anatom lehrt uns, daß nicht etwa die ganze Zunge mit ihrer großen Fläche geschmacksempfindlich ist, sie trägt nur an gewissen Stellen, hauptsächlich in ihrem hinteren Teil und an den Rän-

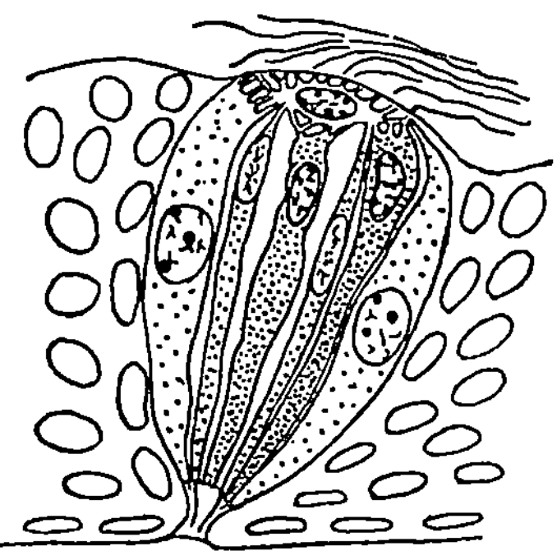

Abb. 43. Geschmacksknospe der menschlichen Zunge.

dern die sogenannten Geschmacksknospen, sehr einfache Gruppen nur weniger Sinneszellen (Fig. 43). Manche dieser Knospen sprechen nur auf eine der vier Geschmacksqualitäten an, andere auf zwei, wieder andere auf drei oder auf vier. Man hat alle möglichen Tiere daraufhin untersucht, die im zoologischen System weit auseinanderstehen: Vögel, Fische, Bienen und bei allen das gleiche gefunden, auch sie können nur vier Geschmacksqualitäten unterscheiden, deren Eigenheit folglich irgendwie in der Logik der Dinge begründet sein muß und nicht in der Organisation des Tieres.

Der Natur der Reizstoffe nach sind nun diese vier Qualitäten außerordentlich verschieden. Der Geschmack salzig bezieht sich beim Menschen nur auf einen einzigen Stoff, nämlich das Kochsalz, dem offenbar wegen seiner großen

Verbreitung in der Natur eine besondere Rolle zufällt. Alle anderen Salze haben irgendeinen Nebengeschmack, sauer oder bitter. Der saure Geschmack wird nur durch freie Säuren hervorgerufen, oder, wie man in der Wissenschaft heute sagt, durch freie H-Ionen. Anders steht es mit den beiden Partnern Süß und Bitter. Keines von beiden ist auf eine besondere Stoffgruppe zugeschnitten. Bitter schmecken uns gewisse Elemente, wie das Magnesium, manche recht einfache Nitroverbindungen und endlich gewisse hoch komplizierte chemische Verbindungen wie das Chinin. Den süßen Geschmack kennen wir vornehmlich von gewissen Zuckern, aber zugleich von dem künstlichen Saccharin, das chemisch nicht die geringste Verwandtschaft mit den Zuckern besitzt. Man hat sehr viel Scharfsinn darauf verwendet, nachzuweisen, was diese verschiedenen Stoffe eigentlich Gemeinsames an sich haben könnten, ein greifbares Resultat ist aber dabei nicht herausgekommen, vermutlich deswegen, weil die Fragestellung prinzipiell falsch gewesen ist. Wir haben es ja gelernt, daß die Empfindungen ihren Sitz nicht in den Sinneszellen haben, sondern erst im Gehirn entstehen. Wir können daher vielleicht sagen, daß süß alle die Stoffe schmücken müssen, die auf solche Geschmackssinneszellen einwirken, deren Nervenbahnen zum Zentrum Süß ziehen. Wenn es verschiedene Sorten solcher Geschmackszellen gibt, die auf verschiedene Stoffe reagieren, dann ist die Möglichkeit geboten, daß auch die heterogensten Stoffe alle den gleichen Geschmack aufweisen.

Man sieht hieraus, daß es nicht auf die chemische Konstitution der Geschmacksstoffe, sondern auf die Konstruktion unseres Sinnesapparats ankommt. Beiden Geschmacksqualitäten Süß und Bitter kommt eine recht weitreichende biologische Bedeutung zu. Das Süße, dessen Empfindung anscheinend stets mit einem Lustgefühl einhergeht, dient zur Anlockung des Tieres zu einer Nahrungsquelle, die ihm gut und bekömmlich ist. Das Bittere dagegen ruft dem Tiere zu: „meide mich". Diese allgemeine Bewertung, die weit über die Diagnostik einzelner Stoffe hinausgeht, kommt auch sehr deutlich in der Sprache zum Ausdruck. Alles, was Freude erweckt im irdischen Leben, können wir nach dem untrüglichen Urteil unserer Sprache mit dem Worte Süß belegen. Süß ist nicht nur der Zucker, sondern nach des Dichters Wort auch die Liebe, der Mund einer schönen Frau oder der erquickende Schlummer. Alles, was Unlust erweckt, wie der Tod oder jegliches Leid, darf man mit dem Worte Bitter schelten. Eine merkwürdige Ausnahme macht nur die Arbeit, die uns „sauer“ wird. Es ist dies aber wahrscheinlich auf den Schweiß gemünzt, den wir bei ihr vergießen.

Der Kreis der Stoffe, die in die Geschmacksbegriffe Süß und Bitter einbezogen sind, deckt sich nicht bei allen Tieren. Schnecken und Krebse reagieren zum Beispiel auf Stärke und Glykogen, die für uns gänzlich geschmacklos sind, in derselben Art wie auf Zucker mit positiven Reaktionen. Auch innerhalb einer Tierklasse gibt es erhebliche Unterschiede. Das eine Insekt empfindet diese, das andere jene Zuckerarten als süß, das heißt es reagiert positiv auf sie. Wovon dies im einzelnen abhängt, wissen wir noch nicht, aber eine schöne Untersuchung, die neuerdings an der Honigbiene angestellt wurde, zeigt uns den Weg. Sie ergab in völliger Übereinstimmung mit dem soeben Vorgetragenen, daß der Biene alle Zuckerarten, die sie verdauen kann, süß vorkommen, daß sie dagegen auf manche ihr unverdaulichen Zucker überhaupt nicht anspricht.

6. Der Tastsinn.

Die Leistungen des menschlichen Tastsinnes. Wer etwas spät in der Nacht nach Hause kommt, tastet sich, um die Mitbewohner nicht zu stören, ohne Licht zu machen, vorsichtig den langen Korridor entlang, bis er in seinem Schlafzimmer geräuschlos verschwindet. Aus dieser Situation erhellt, wozu wir den Tastsinn in erster Linie gebrauchen: bei Ausschluß der anderen Sinne sich im Raume zurechtzufinden, ohne daß wir an den harten Sachen uns stoßen, die nach Schillers bekanntem Wort den Raum erfüllen. Mancher Kulturmensch kommt nur selten in die geschilderte Lage, aber im Freileben der meisten Tiere ist der Tastsinn, besonders zur Nachtzeit, ein wichtiger und unentbehrlicher

Freund. Wie das Heer seine Vorhut voraussendet, so haben sehr viele Organismen besondere Tastorgane entwickelt: Fühler, oder Schnurrhaare, deren Aufgabe es ist, erstmal das Gelände zu prüfen, ehe das Gros des Körpers nachkommt. Außerdem ist aber bei den meisten Tieren auch der übrige Körper tastempfindlich. Beim Menschen verteilen sich über die ganze Haut die sogenannten Druckpunkte, feinste unter der Haut gelegene Sinnesendigungen. Man kann sie mit einem Reizhaar abtasten und dabei feststellen, daß sie nicht überall gleich dicht stehen. An manchen Stellen, wie an der Hand oder im Gesicht, sitzen sie sehr dicht beieinander, an anderen, wie am Rücken, sind die freien Zwischenräume größer; aber überall sind diese so klein, daß der gewöhnliche Mensch der Täuschung anheimfällt, daß seine ganze Körperoberfläche gleichmäßig tastempfindlich sei. Man hat berechnet, daß ein Mensch insgesamt etwa 640 000 derartige Druckpunkte besitzt.

Der Mensch hat die empfindliche Hand zu seinem wichtigsten Tastwerkzeug entwickelt. Ihre Leistung ist weit über ihre ursprüngliche Aufgabe hinausgewachsen, sie vermag uns eine Reihe von Empfindungen zu vermitteln, die uns über die Beschaffenheit des betasteten Gegenstandes wichtige Aufschlüsse geben. Die außerordentliche Dichte der zahllosen druckempfindlichen Stellen unserer Haut bedingt es, daß beinahe nie nur ein Druckpunkt allein erregt wird, meist haben wir es mit einer großen Zahl gleichzeitig erregter Elemente zu tun, und meist nimmt man noch die Zeit zu Hilfe, wenn man die Qualität eines Gegenstandes erkennen will. Man streicht mit der Hand über eine Fläche, und indem man eine große Zahl von druckempfindlichen Elementen nacheinander verschiedenen Berührungsreizen aussetzt, erhält man je nachdem den Eindruck rauh, glatt, klebrig. Aber auch ohne jede Bewegung erhält man einen sehr deutlichen Eindruck, wenn man die Hand z. B. auf eine rauhe Strohmatte legt. Hier ist es die verschiedene Beanspruchung der Tastelemente einer Fläche, die uns zu dem Urteil führt, daß dieselbe rauh ist. Der Tastsinn vermittelt uns also sehr deutlich eine Vorstellung von der räumlichen Verteilung der

Objekte und vermag so, wenn auch in merklich abgeschwäch-
tem Maße, Ähnliches zu leisten wie das Auge, dessen reizbare
Elemente ebenfalls in einer Fläche sich ausbreiten. Dies geht
so weit, daß man mit der Haut gewissermaßen lesen kann.
Einem Kinde, das eben rechnen gelernt hat, braucht man nur
mit dem Finger eine Zahl auf den Rücken zu schreiben;
es wird mit bedeutender Sicherheit angeben können, ob es
eine 4, eine 8 oder eine 7 war.

Auf diesem sehr eigentümlichen und keineswegs vorauszu-
sehenden Vermögen unseres Tastsinnes beruht die erstaunliche Leistung der Tastschrift der Blinden. Sie ist wohl eine
der segensreichsten Erfindungen, die jemals ein Mensch gemacht hat, denn sie gab Tau-
senden, die durch einen grau-
samen Zufall das Augenlicht
eingebüßt haben, die Möglichkeit, ohne Hilfe anderer am
schriftlich niedergelegten Kul-
turgut der Menschheit teilzu-
nehmen (Abb. 44). Die heute
international eingeführte Blindenschrift besteht aus Buch-

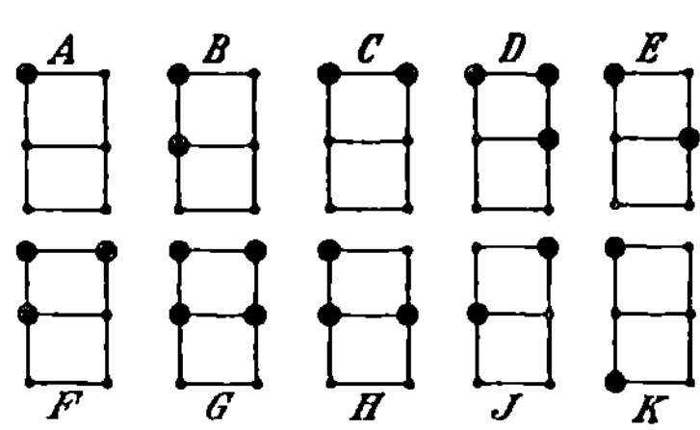

Abb. 44. Die Buchstaben A—K der
Blindenschrift.

staben, deren jedem ein System von sechs Punkten zugrunde
liegt, die in zwei senkrechten Reihen sich anordnen. Beim
einen Buchstaben aber ragen diese, beim anderen jene Punkte
als kleine Hökerchen über die Fläche hinaus, so daß der
Blinde sie fühlen kann. Das Lesen dauert nur etwa 3—4mal
so lang wie beim Sehenden. Wir lernen durch die Blinden
noch eine weitere erstaunliche Leistung unseres Tastsinnes
kennen. Sie besitzen den sogenannten „sechsten" oder Fern-
sinn, der sich in ihrer Fähigkeit äußert, ohne Berührung die
Anwesenheit von Körpern wahrzunehmen, die sich in der
Nähe ihres Kopfes befinden. Es bedarf kaum einer Erwäh-
nung, daß dies keine Spezialeigentümlichkeit nur der Blinden
ist; jeder normale Mensch besitzt sie, nur macht er meist
keinen Gebrauch davon. Wer sich selbst aber daraufhin
prüft, wird leicht zu der Feststellung kommen, daß er beim
Durchschreiten eines dunklen Ganges deutlich bemerkt, wo

der Gang zu Ende ist, auch wenn er die Wand selbst nicht berührt. Wie man das aber merkt, ist nicht ganz leicht zu sagen und bedarf noch letzter wissenschaftlicher Klärung. Sicherlich spielen dabei die Luftwellen eine Rolle, die von allen festen Körpern reflektiert werden, und vielleicht ist außerdem der Wärmesinn beteiligt, denn sehr oft haben die festen Körper nicht völlig die gleiche Temperatur wie die sie umgebende Luft.

Es gibt eine Tiersorte, die diese Fähigkeit des Fernsinnes weit über das Können auch der Blinden hinaus bis zum Virtuosentum entwickelt hat, nämlich die Fledermäuse. Sie fliegen in der Dämmerung, also bei sehr schlechter Sicht, und bevorzugen dabei keineswegs die oberen Luftschichten, in denen sie sich frei tummeln können. Sie lieben es vielmehr, zwischen dem Geäst der Bäume hindurchzustreichen, ohne jemals auch nur den dünnsten Zweig zu berühren. Im Versuch im Zimmer oder auf dem Wäscheboden kann man es gelegentlich beobachten, wie geschickt sie allen Hindernissen in Gestalt der ausgespannten Wäscheleinen aus dem Wege gehen, ja es ist sogar festgestellt worden, daß sie auch nach Verlust ihres Augenlichtes ebenso zielsicher und ohne anzustoßen herumfliegen.

Wenn wir gestochen, gezwickt oder gestoßen werden, so merken wir mit untrüglicher Exaktheit nicht nur, daß dies geschieht, sondern auch den Ort der Handlung. Dies ist an sich keineswegs selbstverständlich und beweist, daß unser Tastsinn durch zahllose Repräsentanten in unserem Gehirn vertreten ist. Wie genau diese Lokalisation ist, davon kann man sich sehr leicht durch ein hübsches kleines Experiment überzeugen, das schon seit langen Zeiten bekannt ist. Man nimmt eine kleine Kugel von etwa 1 cm Durchmesser, am besten also eine „Murmel", mit der die Kinder spielen, und dreht sie auf dem Tische zwischen den Spitzen zweier benachbarter Finger hin und her. Man hat dann sehr deutlich den gleichen Eindruck, wie wenn man nur einen Finger nimmt, nämlich, daß wirklich eine Kugel vorhanden ist. Nun legt man Zeige- und Mittelfinger kreuzweise übereinander und dreht die gleiche Kugel wiederum zwischen den beiden

Fingerspitzen, die aber jetzt eine ungewöhnliche Lage zueinander einnehmen. Der Erfolg ist eine erstaunliche Sinnestäuschung. Man gewinnt nämlich den ganz sicheren Eindruck, zwei getrennte Kugeln vor sich zu haben. Wer mit geschlossenen Augen an diesen Versuch herangeführt wird, wird ohne Zögern bereit sein, einen heiligen Eid dafür abzulegen, daß er nicht eine, sondern zwei Kugeln zwischen seinen Fingerspitzen hin- und hergewälzt hat.

Wie ist dieses Phänomen zu erklären? Die einander zugekehrten Hälften je zweier benachbarter Finger senden ihre Wahrnehmungen zu einem und demselben Zentrum, kreuzt man aber die Finger, so berühren die für gewöhnlich voneinander abgewandten Fingerhälften die Kugel, die ihre Eindrücke zu verschiedenen Zentren senden. Es meldet jetzt also die rechte Hälfte des rechten Mittelfingers, daß sie eine Kugel berührt. Das gleiche tut die linke Hälfte des Zeigefingers, und da diese beiden Meldungen nicht dem gleichen Zentrum, sondern zwei verschiedenen Zentren zugeleitet werden, so kommt man zu der Vorstellung zweier gesonderter Kugeln.

Einiges von den Tastreflexen der Tiere. Wenn der Mensch steht, sitzt oder liegt, ruht er mit den Füßen oder mit anderen hierzu besonders geeigneten Körperteilen auf der „wohlgegründeten dauernden Erde". Wir empfinden den gewohnten Druck unserer Körperschwere auf unsere Unterstützungsflächen als ein notwendiges Zubehör unserer Erdverbundenheit und sind daher aufs peinlichste überrascht, wenn der niedersausende Fahrstuhl uns vorübergehend von diesem Drucke befreit.

Bei den niederen Tieren sind diese von den Fußflächen malerweise ausgehenden Berührungsreize noch von viel größerer Bedeutung. Jeder hat schon einmal einen Maikäfer beobachtet, der, auf den Rücken gefallen, mit allen sechs Beinen umherstrampelt, bis es ihm gelingt, sich irgendwo festzukrallen und in elegantem Umschwung wieder auf die Füße zu kommen. Seine ungebärdigen Anstrengungen beziehen sich keineswegs auf seine ungewöhnliche Lage zur Mutter Erde, aber es ist ihm unerträglich, daß seine Füße frei in der Luft schweben, und sein Ziel ist, sie wieder irgendwo in Kontakt mit festen Gegenständen zu bringen. Er hört daher augenblicklich zu strampeln auf, wenn man ihm einen Zweig hinhält, an dem er sich anklammern kann. Für ein Insekt gibt es nur eine Situation, in der es erlaubt ist, die Füße frei in der Luft zu halten, das ist das Fliegen. Hier besteht sogar der Zwang, daß die Füße mit nichts Festem in Kontakt sind, und daher kommt es, daß die meisten Insekten nicht imstande sind, irgend etwas, das ihnen gefällt, mit den Füßen hochzuheben und damit woanders hin zu fliegen. Nur einige wenige von ihnen, die berufsmäßig allerlei Dinge zum Nest tragen müssen, haben sich von diesem Zwange freigemacht. Eine normale Fliege z. B. ist völlig unfähig, etwas in der Luft zu tragen. Will man erforschen, wie das kommt, so braucht man ein solches Tierlein nur vorsichtig am Rücken an einem feinen Stabe festzukleben. Sie fängt dann sehr bald an, auf der Stelle zu fliegen, und man kann aus nächster Nähe beobachten, daß es hierbei die Beine „vorschriftsmäßig" ausstreckt, die vorderen nach vorn, die hinteren nach hinten und die mittleren etwas zur Seite gespreizt. Hält man nun einer solchen Fliege eine kleine Papierkugel zwischen die Füße, so hört sie meist auf zu fliegen und läuft auf der Kugel umher, die sie dabei geschwind nach hinten dreht. Natürlich ist es vollkommen gleichgültig, ob sich die Fliege gegenüber der Erdkugel oder die Papierkugel gegenüber der Fliege bewegt. Die Hauptsache ist, daß eine Berührung stattfindet, und da dies geschieht, fühlt sich die Fliege in dieser Situation durchaus wohl. Sie braucht nicht wie wir die Schwere ihres Körpers zu empfinden, es genügt, daß ihre Füße in Kontakt mit einem festen Körper sind, um sie zum Laufen zu bringen.

Noch deutlicher zeigt der Blutegel die Gewalt, welche die Tastreize über ein Tier gewinnen können. Der Blutegel kann schwimmen und klettern, wobei er sich abwechselnd mit dem vorderen und dem hinteren Saugnapf festhält. Daß er stets schwimmt, wenn man ihn von seiner Unterlage losreißt und in eine Wanne mit Wasser wirft, könnte als etwas Selbstverständliches erscheinen, aber dies gilt nicht von dem folgenden Falle. Ich gebe einem Blutegel eine ganz kleine Glasscheibe, kleiner als ein Pfennig, als Halt für den hinteren Saugnapf und werfe ihn jetzt ins Wasser. Es zeigt sich, daß er so wenig schwimmen kann, als wäre er in der Wüste geboren. Die Berührungsreize, die von dem winzigen Glasstück ausgehen, hindern ihn völlig an der Ausführung normaler Schwimmbewegungen, und er sinkt träge zu Boden. Die Situation ist also die gleiche, als wenn ein Mann, der sonst schwimmen kann, versackte, weil er sich unter jeden Fuß ein kleines Brett gebunden hat.

Wenn die Katze vom Dache fällt, kommt sie unten wieder richtig auf den Füßen an. Viele Insekten und andere Kerbtiere, die gewohnheitsmäßig im Geäst herumturnen und leicht der Gefahr ausgesetzt sind, vom Baume zu fallen, bringen dasselbe Kunststück wie die Katze fertig, und zwar mit Hilfe ihres Tastsinnes. Das erste, was geschieht, ist, daß die Füße, die sich sonst stets anklammern, ihren Halt verlieren und das Tier nun plötzlich frei in der Luft schwebt. Auf die Tastsinnesendigungen der Fußflächen wirkt dieses Fehlen der gewohnten Berührung auch hier als starker Reiz, der, zum Nervensystem geschickt, eine eigentümliche Haltung des ganzen Körpers bedingt. Ebenso wie der Blutegel schwimmt, wenn seine Saugnäpfe nichts berühren, nimmt das vom Baum fallende Insekt jetzt die sogenannte Flughaltung ein. Sie äußert sich bei der Stabheuschrecke, die in dieser Beziehung besonders untersucht worden ist, in einer starken Durchbiegung des Körpers. Das Tier macht also den Rücken hohl und spreizt gleichzeitig alle sechs Beine, soweit es nur irgend geht, vom Leibe ab. Auf diese Art verwandelt sich das Insekt in einen lebendigen Fallschirm und kommt ohne weitere Eigenbewegung infolge der Verteilung des Luftwiderstandes ganz von selbst mit dem Bauche zu unterst am Boden an (Abb. 45). Die Natur liebt es aber, den Effekt, den sie anstrebt, durch verschiedene Faktoren sicherzustellen, ähnlich wie es der Ingenieur macht, und so sehen wir, daß während des Falles neben der Erregung der Tastendigungen an den Fußflächen noch andere ebenfalls taktile Erregungen Platz greifen. Sobald die ersten Zentimeter im freien Falle zurückgelegt sind und der fallende Körper eine gewisse Geschwindigkeit erreicht hat, wirkt sein Vorbeistreichen an der Luft wie ein Windzug, und auf ihn reagiert, wie sich in besonderen Experimenten leicht demonstrieren läßt, der Körper, indem er die Flughaltung noch verstärkt. Die Beine werden noch mehr nach oben gerissen, die Fühler nach hinten geschwungen, die Fallschirmhaltung wird also verstärkt (Abb. 46).

Über die Wirkung, welche die Tastreize je nach Tierart und Lebenslage ausüben, könnte man ein ganzes Buch schreiben, wir wollen es aber mit dem Wenigen bewenden lassen, was wir kennenlernten und uns jetzt noch den Kraftsinn ansehen.

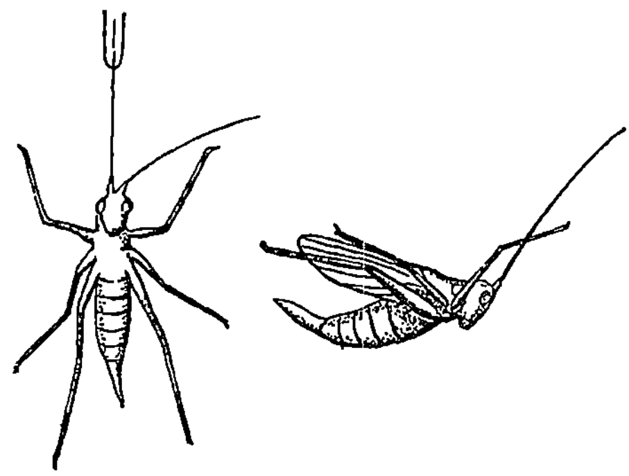

Abb. 45. Flughaltung der Laubheuschrecke Meconema varians. Links Tier an einem Fühler mit der Pinzette festgehalten.

Der Kraftsinn hat in der Volkssprache nicht einmal einen Namen, und wenn ich dieses Wort hinschreibe, werden die meisten gar nicht verstehen, was eigentlich damit gemeint ist. Und dennoch ist der Kraftsinn ein Sinn, den wir tagtäglich bei den verschiedensten Anlässen gebrauchen. Was er leistet, zeigen uns eine Reihe von Adjektiva, die wir täglich im Munde führen: schwer, leicht, weich, hart, gasförmig, flüssig und fest.

Daß es schwere und leichte Dinge gibt, weiß schon jedes Kind. Ein Maßstab für die Schwere ist die Anstrengung, die es uns kostet, wenn wir das betreffende Ding hochheben. Daß wir die Schwere merken, ist kein Zweifel, aber wie merken wir sie? Zum Teil sicherlich durch den Berührungsdruck,

144

den der Gegenstand beim Hochheben auf unsere Hand ausübt. Aber die Gesamtempfindung ist damit in keiner Weise
erschöpft und ihr Hauptanteil entfällt sicherlich auf die
Muskeln, welche die Arbeit leisten. In ihnen und in den
Sehnen sitzen die Rezeptoren des Kraftsinnes, die sogenannten Muskelspindeln. Der Kraftsinn übt eine sehr genaue
und zuverlässige Kontrolle darüber aus, daß wir unsere Muskeln vernünftig verwenden. Sie werden genau in dem Maße
gebraucht, wie es der auszuführenden Leistung entspricht.
Dies kommt sehr schön beim Wurf zum Ausdruck. Wenn der
Leichtathlet die Kugel schleudert, prüft er erst ihr Gewicht,
indem er sie mehrfach hin und her schwingt. Unwillkürlich
prägt sich dabei dem Kraftsinn die Schwere der Kugel ein,
und nach seinen zum Gehirn gelangenden Meldungen richtet
der Werfende die Kraft des Stoßes. In genauen Messungen
hat man ermitteln können, daß hierbei schon Gewichte von
800 g und 804 g voneinander unterschieden werden.

Weich und hart erscheinen uns zwar auf den ersten Blick
als Folgerungen, die wir unseren Tastempfindungen entnehmen, in Wirklichkeit sind aber auch sie mindestens zur
Hälfte dem Kraftsinn zuzurechnen. Ob ein Ding hart oder
weich und wie weich es ist, beurteilen wir nach dem Widerstande, den es seiner Deformierung entgegensetzt. Der harte
Gegenstand deformiert natürlich auch die Haut unserer
Fingerspitze, in der keine Muskeln sitzen, aber für gewöhnlich führen wir bei der Prüfung eine Bewegung mit Fingern,
Hand oder Arm aus, und nach dem Widerstande, dem wir
hierbei begegnen, schätzen wir die Härte ein. Genau die
gleichen Empfindungen liegen den Begriffen flüssig und
fest zugrunde. Flüssig ist etwas, was wir zwar bei der Berührung deutlich fühlen, uns aber beim Eindringen gar
keinen Widerstand bietet, und gasförmig nennen wir einen
Körper, der weder auf unseren Berührungs- noch unseren
Kraftsinn einwirkt.

7. Der Wärmesinn.

Wenn im Sommer die Sonne recht ordentlich auf den
Sand brennt, streckt unser treuer Hausgenosse, der Hund, in

ihren Strahlen alle Viere von sich und bekundet in jeder
Weise, daß ihm dabei „ganz kannibalisch" wohl zumute ist.
Er zeigt uns durch sein Benehmen, daß es eine der wichtigsten Aufgaben des Wärmesinnes ist, die Kreatur zum Aufsuchen solcher Örtlichkeiten zu bringen, wo die ihr behag-
lichste Temperatur herrscht. Die kaltblütige Eidechse, die
sich auf dem fast heißen Steine sonnt, macht es geradeso,
und die großen Brummfliegen, die sich mit Vorliebe auf
sonnendurchwärmte Mauern setzen, beweisen uns, daß auch
manche niederen Tiere für die Annehmlichkeiten eines warmen Plätzchens das vollste Verständnis haben. In der freien
Natur wird es, wenigstens in unseren Breiten, nicht so leicht
vorkommen, daß es einem Tiere zu heiß wird. Im Experiment
dagegen kann man sehr leicht zeigen, daß jede Kreatur eine
sogenannte Bevorzugungstemperatur kennt, die sie einer jeden
anderen vorzieht. Man hat hierzu ein höchst einfaches und
doch sehr zweckmäßiges Gerät erfunden, die *Temperatur-
orgel*. Sie besteht aus einem langen und schmalen Kasten,
dessen beide Enden extremen Temperaturen ausgesetzt werden. Unter das eine Ende stellt man eine Gasflamme, das
andere kühlt man mit Eis. Ganz von selbst bildet sich jetzt
vom einen Ende bis zum anderen ein Temperaturgefälle.
Wirft man jetzt eine größere Anzahl einer Tierart, etwa
100 Ameisen, in den Kasten, so kann man sehr bald wahrnehmen, daß die Mehrzahl der Tierchen sich in einem verhältnismäßig schmalen Streifen ansammeln, dort nämlich,
wo am Boden des Kastens ihre Bevorzugungstemperatur sich
findet. Was sie beim Aufsuchen der optimalen Temperatur
für ihren Organismus erreichen, davon freilich haben alle
diese Tiere gar keine Vorstellung. Die Wärme, der sie sich
aussetzen, geht nicht nur bis zu den Sinneszellen in der Haut,
sie durchdringt den ganzen Körper und bedingt es, daß beim
Kaltblüter alle Funktionen: die Atmung, die Verdauung und
wie sie alle heißen, beträchtlich geschwinder und energischer
verlaufen, als es in der Kälte möglich wäre. Besonders in der
kühlen Frühlingszeit ist die Ausnützung der Sonnenwärme
für manches Getier von großer Bedeutung. Die haarige
Bärenraupe hat den Winter nun glücklich hinter sich ge-

bracht. Tief im Laube versteckt und eng zusammengerollt
hat sie gewartet, bis endlich der Frühling die ersten Blätt-
chen hervorsprossen ließ. Aber jetzt ist nicht mehr viel Zeit
zu verlieren, schon in vier Wochen muß sie sich in ihrem
Gespinst in die glänzend schwarze Puppe verwandelt haben,
damit der Falter rechtzeitig die Hülle sprengen kann zur
Zeit, wo alle seiner Art im frohen Liebesspiel nächtlicher-
weise sich tummeln. Wer zu spät kommt, der ist verurteilt,
ein einsames und trauriges Leben zu führen. Um die Zeit
recht zu nutzen, frißt sich unsere Raupe schon des Morgens
recht voll, und dann macht sie mitten in der Sonne ein Ver-
dauungs- und Mittagsschläfchen, wobei die Wärme Wachs-
tum und Fettansatz beschleunigt.

Anatomisch wissen wir vom Temperatursinn verhältnismäßig wenig, selbst beim Menschen. Es gibt wahrscheinlich
in seiner Sphäre gar keine in der Haut liegenden Sinneszellen;
sich aufsplitternde Nervenendigungen, deren Zelleib vielleicht
erst im Rückenmark oder im Gehirn gelegen ist, sind die
Endorgane. Man findet sie, indem man die Haut vorsichtig
mit einer warmen oder kalten Nadel abtastet, und entdeckt
dabei zwei sehr merkwürdige Tatsachen, Erstens, daß wir,
genau genommen, zwei getrennte Sinne haben: einen Wärmesinn und einen Kältesinn. Ein isoliert gereizter Wärmepunkt
kann niemals Kälte empfinden, und ebenso ist ein Kältepunkt
nicht in der Lage, auf Wärme anzusprechen. Zweitens ist es
bemerkenswert, daß die Wärme- oder Kälteempfindung gar
nichts mit dem Schmerz zu tun hat. Anscheinend lehrt doch
die tägliche Erfahrung, daß beide Empfindungen ineinander
übergehen. Steigert man die Temperatur eines Körpers, den
man mit der Hand berührt, so geht doch anscheinend unsere
Empfindung ganz allmählich von warm über heiß zum
Schmerz über. Aber es ist dies eine Täuschung.

Behandelt man nämlich einen isolierten Wärmepunkt in
der gleichen Art, so wird man niemals Schmerz empfinden,
der eben nur dadurch zustande kommt, daß die sich aus-
breitende Hitze die benachbarten Endigungen des Schmerzsinnes in Erregung versetzt.

Eine weitere Eigentümlichkeit unseres Wärmesinnes ist

die sehr verschiedene Empfindlichkeit der einzelnen Körperteile. Gewöhnlich ist es ja bei unseren Sinnen so, daß die exponiertesten Körperteile, wie Hand und Fuß, am empfindlichsten sind, aber hier treffen wir gerade das Umgekehrte. Am ehesten sprechen die mittleren Körperpartien, wie Rücken oder Gesäß, auf Temperaturreize an. Biologisch ist dies offenbar so aufzufassen, daß der Wärmesinn eine Kontrolle über die Temperaturverhältnisse des ganzen Körpers ausüben soll. Für diesen bedeutet es aber verhältnismäßig wenig, wenn man an den Händen friert, wird dagegen der Rumpf kalt, so wird sich dies wahrscheinlich bald an der sinkenden Blutwärme bemerkbar machen. Daher müssen diese Stellen imstande sein, den Körper rechtzeitig zu alarmieren. Sehr bemerkenswert ist es endlich, daß der Kältesinn viel verbreiteter an unserem Leibe ist als der Wärmesinn. Auch hierfür ist leicht der Sinn zu finden. Für den des natürlichen Haarkleides der Säugetiere entbehrenden Menschen ist die Kälte, der er schutzlos preisgegeben ist, der weitaus wichtigere Reiz als die Wärme.

Für die warmblütigen Tiere ist das Aufsuchen der günstigsten Außentemperatur von geringerer Bedeutung als für die Kaltblüter. Sie zeichnen sich ja gerade dadurch vor allen anderen Geschöpfen aus, daß sie sich in so weitgehendem Maße vom Wechsel der Außenbedingungen emanzipiert haben und damit fähig geworden sind, alle Breiten dieser Erde vom eisigen Nordpol bis zum noch eisigeren Südpol, alle Höhen vom Gestade des Meeres bis zum ewigen Schnee der Firnfelder mit Leben zu erfüllen. Daß sie dies aber vermögen, verdanken sie vorzüglich ihrer Fähigkeit, die Körperwärme auf gleichmäßiger Höhe zu halten, ob nun draußen der Schneesturm heult oder die Augustsonne brütet.

Wir Menschen regulieren unsere Körperwärme zunächst durch die Kleidung. Die bekannte Redensart: „Wer friert, ist dumm", ist der lapidarste Ausdruck dafür, daß wir für diese Leistung immerhin ein klein wenig Verstand benötigen. Die Tiere, denen derselbe im notwendigen Maße abgeht, machen es unbewußt reflektorisch, aber dafür um so exakter. Wir wollen uns zunächst einmal ansehen, was alles geschehen kann, wenn es Mensch oder Tier zu heiß wird. Es öffnen sich dann alle Ventile des Körpers, durch die die Wärme nach außen abströmen kann. Die feinen Blutgefäße der Haut erweitern sich zu diesem Zweck, bei uns Menschen im Gesicht, beim langohrigen Kaninchen in den Löffeln, die außerdem möglichst vom Körper abgespreizt werden. Auch der gewaltige Elefant benutzt seine riesigen Ohren zum Wärmeausgleich, wenn es die afrikanische Sonne gar zu gut meint. Er fächelt sie auch hin und her und trägt so noch besonders dazu bei, daß die überschüssige Wärme aus ihnen entweicht. Viele Tiere, wie z. B. das Pferd, vergießen außerdem am ganzen Körper ihren Schweiß, der freilich nicht von der Stirn tropfen darf, wie man das beim Menschen so oft sehen kann, da er nur, langsam auf der Haut verdunstend, abkühlend wirkt. Endlich sehen wir, daß der Hund, wenn es ihm zu heiß ist, die feuchte Zunge weit vorstreckt und durch schnelle und kurze Atemstöße kühle Luft in die Lunge einführt.

Wird es zu kalt, so treten andere höchst weise Einrichtungen zutage. Wer nach dem ersten Bade im schönen Mai blaurot gefroren den Fluten entsteigt, der zittert wie Espenlaub. In noch ausgeprägterem Maße zeigen manche Tiere, wie der Hund, dieses Kältezittern, wovon die Redensart: „Er friert wie ein junger Hund", beredtes Zeugnis ablegt. Der Laie pflegt diese Erscheinung gewöhnlich als eine höchst unerwünschte Beigabe des Frierens zu betrachten, aber in Wirklichkeit ist sie von recht großem praktischen Wert. Die reflektorisch durch die Kälte erregten Muskeln erzeugen eben durch ihr schnelles Zittern eine nicht unerhebliche Wärmemenge, die der Abkühlung entgegenwirkt. Wir sehen außerdem, daß die Hautkapillaren in der Kälte das Gegenteil von dem tun, was sie in der Hitze besorgen: Sie verengern sich, damit möglichst wenig von der kostbaren Blutwärme nach außen entweichen kann, und endlich wollen wir uns an eines erinnern, von dem schon früher die Rede war, daß nämlich in der Kälte die Intensität der Stoffwechselvorgänge reflektorisch ansteigt und so zu vermehrter Wärmebildung führt (vgl. S. 6).

Bei Säugetier und Vogel sind alle diese Wärmeregulationen nicht allein als die Folge der Reizung zu betrachten, die die Sinneszellen unserer Haut erleiden. Das Blut ist es, das die Wärme selbst bis zum Gehirn transportiert, und hier finden sich in gewissen Zentren wärmeempfindliche Zellen, deren Reizung alles weitere veranlaßt. Aber trotzdem ist die Wärmeregulation als eine echte Sinnesfunktion anzusehen.

Man hat früher stets angenommen, daß die kaltblütigen niederen Tiere gar nichts besitzen, was sich diesen höchst komplizierten Einrichtungen des Säugetier- oder Vogelkörpers vergleichen ließe, aber wie so oft hat man sich auch hier davon überzeugen müssen, daß unsere Überlegenheit ein klein wenig auf unserer Einbildung beruht. Die Imker haben es schon lange gewußt, daß es im Bienenstock im Winter niemals sehr kalt wird. Endlich hat ein einfacher Bienenzüchter aus Thüringen die heroische Aufgabe auf sich genommen, den ganzen Winter über Tag und Nacht aller paar Stunden die Temperatur einiger Bienenstöcke abzulesen. Dabei wäre es ihm noch um ein Haar passiert, daß die Wissenschaft von seiner großzügigen, bewundernswerten Leistung gar nichts erfahren hätte. Später sind seine Beobachtungen mit raffinierten wissenschaftlichen Apparaten, die ein automatisches Registrieren der Temperatur erlaubten, nachgeprüft und im wesentlichen bestätigt worden. Nun, er fand also, daß es im Bienenstock mit der Temperatur immer herauf und herunter geht, daß sie aber niemals eine gewisse Minimaltemperatur unterschreitet. Dies kommt so: Die Bienen bilden im Winter im Stock eine sogenannte Traube. Sie hängen zu Zehntausenden dicht bei dicht. Diejenigen, die zufällig in die Mitte dieses Haufens geraten sind, haben es auf alle Fälle wohl ziemlich warm. Dagegen müssen die „Außenbienen“ recht sehr frieren, wenn es im Stock zu kalt wird. Sie fangen dann an zu strampeln und mit den Flügeln zu schwirren, benehmen sich also nicht sehr anders als wir selbst beim Kältezittern. Die Hauptsache scheint aber zu sein, daß sich ihre Unruhe auf die ganze Bienentraube mit ihren 10 000 Bienen verbreitet, die nun mit vereinten Kräften rasch eine erhebliche Wärmeproduktion zuwege bringen. Es steigt jetzt also

die Wärme im Bienenstock, bis alle sich wieder beruhigt
haben. Dann fällt sie allmählich von neuem, und das Spiel
beginnt wie vorher.

Vielleicht noch wunderbarer als dies ist die Tatsache, daß
auch der einsam lebende Nachtfalter eine Art Wärmeregulation besitzt. Wer einmal in seiner Jugend den lieblichen
Sport des Schmetterlingsammelns betrieben hat, der wird
auch erfahren haben, daß die dickleibigen Schwärmer und
Spinner, bevor sie sich zum nächtlichen Fluge anschicken,
eigentümliche Manipulationen ausführen. Sie machen mit
ihren Flügeln ganz schnelle schwirrende Bewegungen, so
schnell, daß man die Zeichnung der Flügel nicht mehr erkennen kann, obwohl die Tiere unmittelbar vor einem auf dem
Tisch sitzen. Erst wenn sie diese Übung einige Minuten lang
betrieben haben, breiten sie plötzlich die Flügel aus und in
einem Nu sind sie verschwunden. Es hat sehr lange gedauert,
bis man dahinter kam, was dies zu bedeuten hat. Irgend etwas
mußte es wohl bedeuten, denn es war leicht zu zeigen, daß
der Nachtfalter unfähig zum Fluge ist, wenn man ihn am
Schwirren verhindert. Man kann ihn, bevor er es getan, ruhig
in die Luft werfen, er fällt wie ein Stein zu Boden. Wir
selbst können es nun beinahe raten. Auch hier begegnen wir
ja den seltsamen Zitterbewegungen, die wir in der Kälte
beim Säugetier und bei der Biene sahen. Auch hier wird in
der Tat durch das Zittern der starken Flugmuskeln Wärme
gebildet, und erst, wenn dies in gehörigem Maß geschehen
ist, kann die Reise losgehen. Daher können Tiere, die in
einem Wärmeschrank von 3o Grad eingesperrt werden, sofort losfliegen. Natürlich ist auch in diesem letzten Falle,
den wir besprechen wollen, die Wärmeregulation nur so zu
verstehen, daß der Sinnesapparat des Falters die Wärme
wahrnimmt, wenngleich wir noch keine Ahnung davon haben,
wo die wärmeempfindlichen Zellen zu suchen sind.

8. Die Schwerkraft und die Organismen.

Wie die bläulich schimmernde Wachsschicht als ein hauch-
feiner Überzug die Oberfläche der Pflaume bedeckt, ähnlich
bedeckt das Leben mit einer ganz dünnen Kruste den Leib

der Erde. Nur so tief wie die Wurzeln der Bäume reichen, dringt das Leben in ihren Schoß hinein, und auch in der Luft sind nur die untersten, der Erde unmittelbar benachbarten Schichten von Leben erfüllt. Das allermeiste, was es an Leben gibt, spielt sich an der Grenze zwischen Luft und Erde und Luft und Wasser ab, denn auch das Weltmeer ist bedeutend am dichtesten in seinen oberflächlichen Schichten bevölkert. Die Kraft, welche diese Grenzen schuf und die Schichtung zwischen Luft, Wasser und Erde bedingte, ist die Schwerkraft, und hieraus ergibt sich ihre fast unmeßbare Bedeutung für die Gestaltung des Lebens.

Solange ein Organismus sich auf horizontaler Ebene bewegt, findet er in engerem geographischen Bereich überall die gleichen Lebensbedingungen. Wandert er aber vertikal, sei es, daß er am Hange eines Berges hinaufklettert oder, wenn er ein Fisch ist, in die purpurne Tiefe des Meeres hinabtaucht, so ändern sich nahezu alle Faktoren, von denen das Leben abhängt: die Temperatur, der Luftdruck bzw. der Wasserdruck, das Licht. Daraus ergibt sich, daß es für das Tier von höchster Bedeutung ist, die Richtung, in der es sich bewegt, zu beherrschen. Besonders gilt dies natürlich für alle, die sich frei in ihrem Elemente tummeln wie die Fische und Vögel. Der Fisch muß mit Sicherheit horizontal schwimmen können, er muß aber auch imstande sein, senkrecht nach oben oder nach unten zu schwimmen, wenn dies das Gebot der Stunde ist. Er kann es in der Tat, weil ihn die Natur mit Sinnesorganen begabt hat, die ihm die Richtung der Schwerkraft anzeigen.

Die Geschichte der Erforschung dieser Organe ist merkwürdig genug. Auch der Mensch besitzt sie, aber die meisten von uns wissen es überhaupt nicht, daß sie solche seltsamen physikalischen Apparate in ihrem Leibe tragen. Der Schwerkraftssinn ist nämlich im Gegensatz zu unseren „fünf Sinnen" mit keinerlei Empfindung gepaart, sondern äußert sich nur in unwillkürlichen Bewegungen, die einem meist nicht recht zum Bewußtsein kommen. Solche Bewegungen kann man aber natürlich viel besser an Tieren studieren, die sich im Gegensatz zum Menschen mit dem Operationsmesser befragen lassen. Wenn es also keine Fische, keine Vögel und keine Kaninchen gäbe, würden wir wohl noch heute sehr wenig von diesen Dingen wissen. Besonders sind es aber die kleinen Tiere, die sogenannten Wirbellosen gewesen, die durch den überaus klaren und leicht verständlichen Bau ihrer Schwerkraftsorgane sehr viel zur Aufklärung des ganzen Problems beigetragen haben. Wir wollen daher mit ihnen beginnen und vorweg den Bau eines typischen Schwerkraftsorgans, einer sogenannten *Statozyste*, betrachten (Abb. 46).

Die Statozyste und ihre Reflexe. Eine solche Statozyste hat alle Eigenheiten einer gut durchdachten technischen Kon-

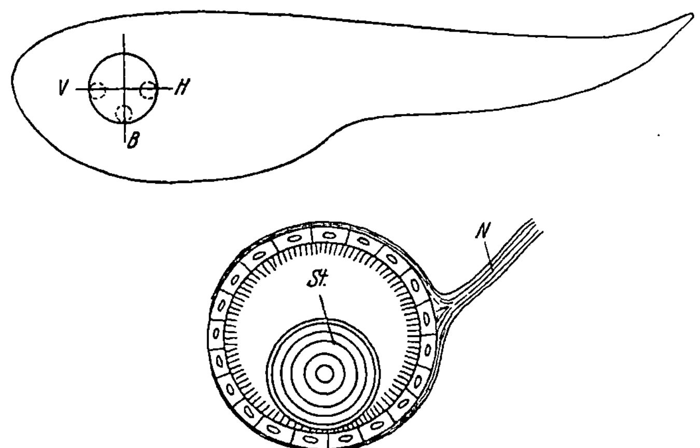

Abb. 46. Schema eines Tieres mit Statozyste. Näheres Text.

struktion, denn sie ist bei aller Einfachheit von vollendeter Zweckmäßigkeit. Sie besteht aus einer Hohlkugel, deren Wand meist ganz und gar von den reizaufnehmenden Sinneszellen ausgekleidet ist. Der Hohlraum selbst ist mit einer Flüssigkeit erfüllt wie die meisten Hohlräume im Innern des Organismus. Außerdem findet sich in ihm ein kugeliger Stein, der sogenannte *Statolith*. Er besteht meist aus Kalk, ist daher schwerer als die Flüssigkeit und rollt stets zum tiefsten Punkt der Blase hin.

Bei den Wirbeltieren, also allen Fischen, Lurchen, Kriechtieren, Vögel und Säugern und daher auch beim Menschen,

finden wir an Stelle der einfachen kugeligen Statozyste einen
ungleich komplizierteren Apparat, der sich aber mühelos auf
die Statozyste zurückführen läßt (Abb. 47). Vor allem sind
zwei unregelmäßig gestaltete Hohlräume, der Utriculus und
der Sacculus zu sehen, in deren Innerem typische Statolithen
liegen. Von beiden Räumen gehen gewisse Spezialorgane aus,
die den niederen Tieren fehlen und sich nur bei den Wirbeltieren finden. Vom Sacculus das Gehörorgan, die sogenannte
Schnecke, vom Utriculus die drei Bogengänge, von denen später noch die Rede sein wird.

Durch den Bau der Statozyste ist natürlich bei jeder beliebigen Raumlage des Tieres die Schwerkraftsrichtung gegeben. Man braucht, um sie festzustellen, nur den Mittelpunkt der Blase mit dem Punkt zu verbinden, in welchem der Statolith die Blasenwand gerade berührt. In bezug auf den Körper kann man an der Statozyste eine Reihe von bevorzugten Punkten

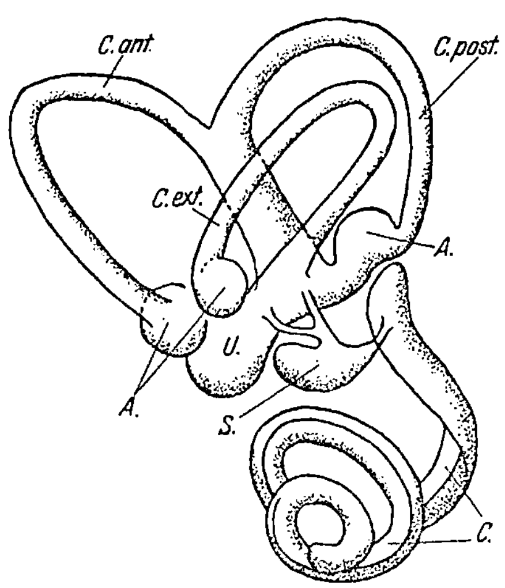

Abb. 47. Labyrinth des Menschen. A. Ampulle, C. ant., ext. und post. die drei Bogengänge, U. Utriculus, S. Sacculus, C. Schnecke
mit Cortischem Organ. Aus Bütschli.

unterscheiden, einen Vorderpol, einen Hinterpol, einen
Bauchpol usw. Jetzt haben wir alle Daten beisammen, um
das Funktionieren des ganzen Apparates zu begreifen. Wenn
das Tier senkrecht nach oben schwimmen will, braucht es
sich nur so einzustellen, daß der Statolith den Hinterpol
der Blase berührt (Abb. 46). Es fällt jetzt die Senkrechte,
die vom Blasenmittelpunkt zum Berührungspunkt zieht,
offenbar mit der Längsachse des Körpers zusammen. Hält
das Tier während des Schwimmens diese Stellung inne, so
kommt es mit mathematischer Gewißheit nach oben. Will

154

es in die Tiefe schwimmen, so muß es sich so lange drehen,
bis der Statolith den Vorderpol der Sinnesblase berührt, will
es aber horizontal schwimmen, so muß der Bauchpol der
Blase den Druck des Statolithen wahrnehmen. Statozyste
und Labyrinth dienen aber dem schwimmenden oder fliegen-

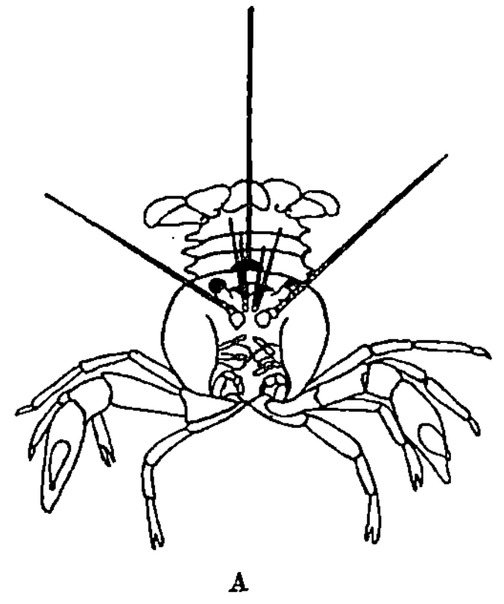

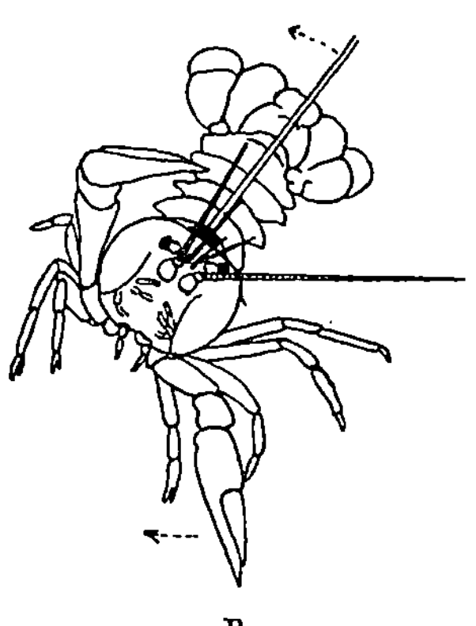

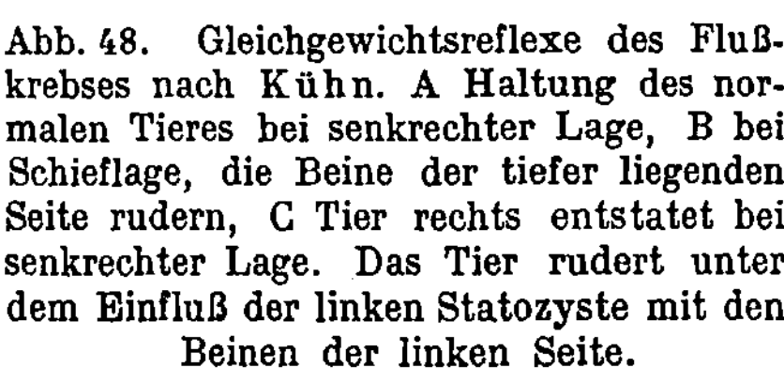

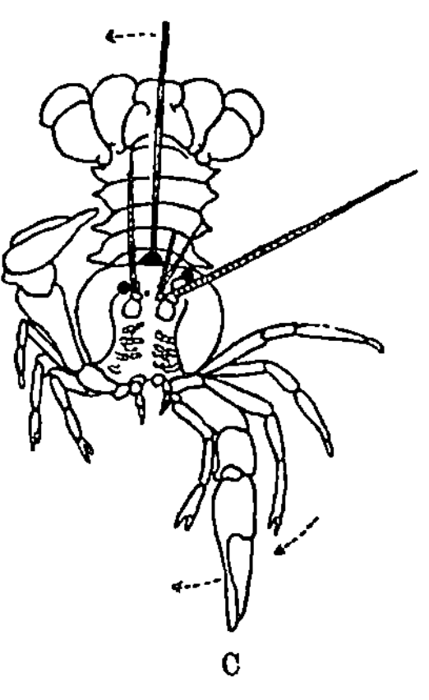

Abb. 48. Gleichgewichtsreflexe des Flußkrebses nach Kühn. A Haltung des normalen Tieres bei senkrechter Lage, B bei
Schieflage, die Beine der tiefer liegenden
Seite rudern, C Tier rechts entstatet bei
senkrechter Lage. Das Tier rudert unter
dem Einfluß der linken Statozyste mit den
Beinen der linken Seite.

den Tiere noch zu einer anderen Leistung, die man gewöhnlich als die Erhaltung des Gleichgewichts bezeichnet. Man
kann sich sehr leicht davon überzeugen, daß jedes Tier, das
sich frei in seinem Elemente bewegt, die Mittelebene seines
Leibes, welche denselben in seine zwei spiegelbildlichen Hälften zerlegt, senkrecht hält. Es stellt sich also symmetrisch

zur Schwerkraft ein. Auch dies geschieht mit Hilfe der Statozysten, deren Statolith auch im Querschnitt betrachtet jederseits einen bestimmten Normalpunkt der Blasenwand berühren muß. Tritt zufälligerweise eine Schiefstellung ein, so erzeugt der Berührungsreiz des Steines an der neuen Stelle des Sinnesepithels sofort eine Gegenbewegung, die dem Tiere die normale senkrechte Haltung seiner Mittelebene wiedergibt (Abb. 48).

Man darf sich nun aber beileibe nicht vorstellen, daß das Tier die geschilderten Bewegungen durch Empfindungen reguliert, daß es etwa merke, wenn der Statolith falsch liegt und sich dann so lange dreht, bis es gewahr wird: Aha! jetzt liegt der Stein richtig, ich schwimme folglich horizontal! Wo schon beim Menschen in dieser ganzen Sinnessphäre die Empfindungen ausgeschaltet sind, kann es als sicher gelten, daß dies bei Fisch, Krebs oder Tintenfisch erst recht der Fall sein wird. Alles geschieht durch unbewußte reflektorische Bewegungen.

Nehmen wir also einmal an, ein Fisch würde durch irgendeine äußere Gewalt, sei es, daß ein anderer Fisch ihn anstößt oder eine Welle ihn packt, auf die linke Seite geworfen, so braucht er sich nicht lange zu besinnen. Ob er will oder nicht, verändern die Statolithen im Utriculus ihre Lage und drücken auf andere Sinneshaare als sonst. Ohne daß es dem Fisch zum Bewußtsein kommt, fließen die Erregungen von diesen normalerweise nicht gereizten Sinneszellen zum Nervensystem und setzen sich in Erregungen der motorischen Nerven fort, die zu den verschiedenen Muskeln des Rumpfes und der Flossen führen. Die Flossen nehmen sofort eine schiefe Lage ein, die eine spreizt sich, während die andere sich anlegt, und im Nu ist der Fisch wieder in seine alte gewohnte Stellung gekommen, bei der die beiden Körperseiten gleich hoch im Wasser liegen.

Die Behauptung, daß die Wahrnehmung der so geheimnisvollen Schwerkraft durch den Druck eines Steinchens auf ein paar Sinneshaare geschieht, ist manchen Naturforschern zu einfach vorgekommen, und da es außerdem manche Organismen gibt, die auch ohne solche Apparate sich ganz gut im

Raume zurechtfinden, so ersann man allerlei andere Hypothesen. Indessen ist es glücklicherweise durch einen genialen Einfall des österreichischen Forschers K r e i d l möglich gewesen, die Statolithenfrage aus den Wellen der Hypothesen auf das feste Land der Tatsachen zu retten:

Zu den zehnfüßigen Krebsen zählen außer dem schwerfälligen Hummer und dem Flußkrebs auch die schnellen Garneelen, die den meisten Menschen allerdings nicht lebendig, sondern nur in der Form der beliebten „Krabbenschwänze" bekannt sind. Bei allen diesen Tieren öffnen sich die am Grunde des ersten Fühlerpaares gelegenen Statozysten durch einen feinen Spalt nach außen. Die Statolithen wachsen hier dementsprechend nicht im Innern, sondern sind

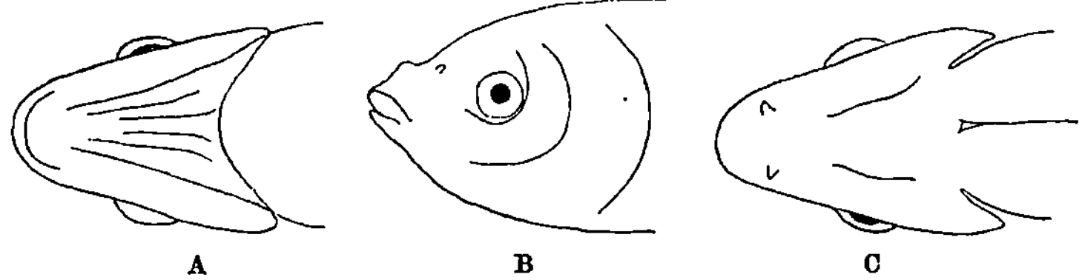

A   B   C

Abb. 49. Augenstellreflex des Goldfisches. A Tier auf der rechten Seite liegend vom Bauche gesehen, B normale Haltung, C auf der linken Seite liegend, vom Rücken gesehen. Original.

Fremdkörper, kleine Sandpartikel etwa, die sich das Tier selbst mit seinen feinen Scherchen in den Spalt einführt. Es geschieht dies jedesmal nach der Häutung, denn bei dieser wird mit der alten Haut auch die gesamte Statolithenmasse abgestreift. K r e i d l kam nun auf den glücklichen Gedanken, den Krebsen, die sich gerade häuten wollten, statt Sand ganz feine Eisenfeilspäne ins Aquarium zu tun. Den Krebsen bleibt jetzt gar nichts anderes übrig, als sich ihre Statozysten mit solchen Eisenteilchen vollzustopfen, denen der Naturforscher nunmehr mit einem Magneten zu Leibe rücken kann. Man muß sich nun vorstellen, wie es einem solchen Krebs zumute ist, dem man einen Magneten gerade über den Rücken hält, während er auf ebenem Boden sitzt. Die eisernen Statolithen fliegen sofort nach oben und drücken gegen die Sinneshaare, die sich an der Rückenwand der Sinnesblase befinden.

In genau derselben Lage befinden sie sich aber bei einem normalen Krebs, der auf den Rücken gefallen ist, nur daß die Erdschwere sie nach unten zieht, während sie hier der Magnet nach oben reißt. Ist die Statolithenhypothese richtig, so ist also zu erwarten, daß beide Krebse auch das gleiche tun werden. Dies machen sie nun in der Tat: beide drehen sich um. Der normale, auf den Rücken gefallene, stellt sich dabei wieder auf die Füße, der mit den eisernen Statolithen, der vorher auf seinen Füßen stand, verläßt diese Lage und legt sich auf den Rücken.

An einem auf die Seite geworfenen Fische wird der aufmerksame Beobachter neben dem Spiel der Flossen noch etwas anderes wahrnehmen. Die Augen etwa eines Goldfisches stehen ziemlich genau nach der Seite. Nehme ich aber das Tier in die Hand und drehe es langsam um seine Längsachse, bis es auf der linken Seite liegt, und betrachte es nun vom Rücken her, so sehe ich, daß sich die Augen auf die Wanderschaft begeben haben: das rechte, jetzt obere, sieht nach dem Bauche zu, das linke dagegen hat sich nach dem Rücken zu gedreht, so daß ich die große schwarze Pupille deutlich erkennen kann (Abb. 49). Solange man den Fisch in dieser Lage läßt, behalten auch die Augen ihre charakteristische Stellung bei, auch ist es leicht, sich davon zu überzeugen, daß zu jeder Stellung, die der Fisch im Raume einnehmen kann, eine ganz genau festgelegte Stellung seiner Augen zum Kopfe gehört. Jede Bewegung, bei welcher der Fischkörper seine Raumlage in irgendeinem Sinne verändert, wird sofort und automatisch durch eine Gegenbewegung wieder wettgemacht, die das Auge ausführt. Der Erfolg dieser merkwürdigen Beziehung zwischen beiden Sinnesorganen ist, daß das Auge, mindestens bei allen kleineren Bewegungen, seine Stellung im Raume, also sein Blickfeld beibehält. Was das praktisch zu bedeuten hat, wissen wir noch nicht genau, denn die Operation, durch welche die Verbindung zwischen beiden Sinnesorganen gelöst wurde, ohne sie selbst zu schädigen, ist bisher noch nicht ausgeführt worden. Aber wir können uns immerhin eine Vorstellung davon machen.

Wenn die Katze die Maus beschleicht oder den hüpfenden
Vogel, ist es ohne Zweifel für sie vom größten Vorteil, daß
sie unbehindert, je nachdem es die Lage erfordert, ihren
Kopf hin und her bewegen, sich ducken und strecken, nach
links und nach rechts sich wenden kann, ohne daß sie die
Beute aus dem Auge verliert. Ähnliches mag auch für die
anderen Tiere Geltung haben, wie die Fische oder etwa die
Krebse, die beim Lauf über unebenes Gelände den Lichtstrahl, der sie leitet, im Auge behalten können.

Verweilen wir noch einen Augenblick bei den höchststehenden Organismen, den Säugetieren und dem Menschen.
Wir haben unseren ganzen komplizierten Sinnesapparat von
unseren fischartigen Vorfahren übernommen, für sie und
ihre Lebensweise, nicht für uns, sind Auge und Labyrinth
ursprünglich gebaut. Der Übergang zum Landleben hat
mannigfache Veränderungen in beiden Sinnessphären zur
Folge gehabt. Von den bei den Fischen so präzise arbeitenden
Labyrinthreflexen ist beim Menschen vieles in Wegfall gekommen, so sehr, daß man sich schon sehr große Mühe
geben muß, um überhaupt noch etwas von ihnen nachzuweisen. Aber auch bei unseren vierfüßigen Verwandten hat
sich sehr vieles umgestaltet. Beim Fisch ist der Kopf fest an
den Rumpf gefügt, beim Säugetier ist er durch den Hals so
beweglich, wie es nur geht, mit ihm verbunden. Der Hund
muß seinen Kopf nach allen Seiten frei bewegen können.
Bald wird am Boden geschnuppert, bald die Nase hoch in die
Luft gehoben, wenn es oben etwas zu wittern gibt, bald gilt
es, einen lästigen Floh zu vertreiben, der sich irgendwo am
Bauche des Hundes zu schaffen macht. Soll der Kopf diese
vielfältigen Aufgaben bewältigen, so kann er sich nicht um
das Labyrinth kümmern, das er mit sich herumträgt. Die
beim Fisch gültige Bedingung, daß das Labyrinth eine gewisse Normalstellung im Raume einzunehmen hat, ist also
hier hinfällig geworden. Dafür sind eine Reihe höchst sonder-
barer Beziehungen zwischen dem Kopf und den Beinen ge-
knüpft worden. Wenn der Kopf, und damit das Labyrinth,
seine Lage im Raum verändert, ändert sich, ohne daß dies
dem Tiere irgendwie zum Bewußtsein kommt, auch die

Muskelkraft, die bestrebt ist, die Beine zu strecken, der sogenannte Strecktonus. Er ist klein, wenn die Schnauze tief und der Nacken hoch steht, groß, wenn die Schnauze höher als der Nacken zu liegen kommt.

Die biologische Bedeutung dieser Reflexe ist unschwer zu erkennen. Wenn Katze oder Hund mit der Schnauze irgend etwas erreichen wollen, so genügt es meist nicht, daß Kopf und Hals allein bewegt werden. Der Hund kann aus der Milchschüssel nur dann trinken, wenn er den Hals abwärts biegt und zugleich die Vorderbeine einknickt, mit gestreckten Vorderbeinen würde er, da der Hals zu kurz ist, nie in den Genuß der begehrten Speise kommen (Abb. 50). Das Zu-

Abb. 50. Hund in verschiedener Stellung, zur Demonstration der Abhängigkeit der Glieder von Kopf und Hals.

standekommen der bekannten Körperhaltung beim Trinken stellen wir uns nun gewöhnlich so vor, daß das Tier durch einen Willensakt Hals und Vorderbeine im richtigen Sinne bewegt, aber mit dieser Annahme irren wir uns. Die Natur ist stets darauf aus, den Willen zu entlasten und ihn nur dann in Anspruch zu nehmen, wenn es gar nicht anders geht. Solche einfachen Koordinierungen, wie wir sie hier sehen, werden durch einfache Reflexe sichergestellt.

Wie die Katze vom Dache fällt. Katzen, Kaninchen, Hunde und Affen kann man in Rückenlage frei herunterfallen lassen, sie verstehen es, sich mit außerordentlicher Geschwindigkeit während des Fallens so umzudrehen, daß sie mit den Füßen voran zu Boden kommen. In Laienkreisen hat man diese Erscheinung, besonders von der Katze, die vom Dache fällt, schon seit sehr langer Zeit gekannt. Die Wissenschaft vermochte sich mit ihr erst zu beschäftigen, als durch die Erfindung der Kinematographie sich die Möglichkeit ergab, die Fallbewegung zu analysieren. Die erste Untersuchung hierüber regte die Pariser Akademie der Wissenschaften im Jahre 1894 an. Man stellte hierbei vor allem fest, daß es sich nicht um einen sogenannten Salto mortale handelt wie ihn die Artisten im Zirkus ausführen, sondern um eine präzise Einstellung im Raume. Beim Salto gibt sich der Mann einen solchen Schwung, daß er sich in der Luft gerade einmal um seine eigene Achse drehen kann, bevor er zu Boden kommt. Zu dieser Leistung muß er genau wissen, wie tief er fällt. Man ließ nun eine Katze in einen schwarzen Schacht fallen, deren Tiefe sie nicht kannte, und beobachtete auch jetzt ihr richtiges Zubodenkommen bei jeder Fallhöhe.

Der Akrobat stößt sich beim Salto mortale vom Boden ab und gibt sich so den Schwung, die Katze tut dies aber nicht. Sie dreht sich beim Fallen auch um, wenn man sie zuvor an ein paar Fäden aufhängt, die man dann plötzlich durchschneidet. Sie muß sich also während des Fallens umdrehen. Wie dies im einzelnen zugeht, wissen wir aber erst durch neuere Untersuchungen. Es zeigte sich zunächst, daß das Labyrinth für das sich Umdrehen in der Luft notwendig ist. Tiere, denen man beiderseits dieses wichtige Sinnesorgan entfernt hat, plumpsen wie Mehlsäcke in beliebiger Haltung zu Boden. Sowie das normale Tier merkt, daß es den Boden verliert, tritt der sogenannte Labyrinthstellreflex des Kopfes auf, der den Kopf in die normale Haltung mit dem Scheitel nach oben zu bringen sucht. Man sieht daher in der Bilderserie sehr bald, daß der Kopf sich schon um 90 Grad gedreht hat, während der Körper noch nahezu die Rückenlage beibehält. Durch diese erste Reflexbewegung wird natürlich der Hals verdreht, und es schließt sich nunmehr der Halsstellreflex an, der bewirkt, daß der Hals und anschließend der Brustkorb dem Kopfe folgt und beide wieder die richtige Haltung in bezug auf den Kopf einnehmen. Endlich folgt auch der Hinterkörper. Wir haben es also mit einer sehr schnell ablaufenden schraubenförmigen Bewegung des ganzen Tieres zu tun, die vom Kopf ihren Ausgang nimmt.

Würde die Katze aber nur diese Bewegungen ausführen, so würde sie nie im Leben richtig unten ankommen. Es gibt nämlich in der Physik ein Gesetz, welches besagt, daß ein frei schwebender Körper seine Lage im Raume mit großer Hartnäckigkeit beibehält. Hänge ich mich an einem Seil ans Turngerüst und schwinge meinen rechten Arm nach rechts, so ist der Erfolg, daß mein ganzer Körper um ein entsprechendes Maß nach links sich dreht, so daß also alles beim alten bleibt. Um trotz dieses Gesetzes die beschriebene Drehung ausführen zu können, muß die Katze mit Vorder- und Hinterbeinen eine Reihe recht komplizierter Bewegungen ausführen, die im einzelnen noch nicht völlig analysiert, im Film aber doch gut zu sehen sind.

Man ersieht hieraus, daß die Katze eigentlich Physik studieren müßte, bevor sie einen solchen Fall riskieren kann, und wir erkennen von neuem die erstaunliche Weisheit der Reflexe. Sie zwingen die Kreatur zu einer Handlung, die sie bewußtermaßen mit Aufbieten ihres ganzen Verstandes niemals vollbringen könnte.

Die Geotaxis. Bei den Wirbeltieren sind die Gleichgewichts- und Augenstellreflexe weitaus die wichtigsten unter allen Reaktionen auf die Schwerkraft. Bei den niederen Tieren treten dagegen recht häufig sogenannte geotaktische, das heißt erdgerichtete Bewegungen auf, vermöge deren das Tier imstande ist, senkrecht nach oben oder nach unten zu kriechen. Gerade diese Fälle hängen sehr deutlich mit der am Anfang dieses Kapitels erwähnten Grundtatsache zusammen, daß sich das Leben an der Grenze zwischen Luft und Wasser oder Wasser und Erde abspielt. Eines der sinnfälligsten Beispiele liefern die im Wasser lebenden Insekten. Jeder Junge, der sich mit biologischen Dingen ein wenig beschäftigt hat, kennt die Bewohner eines Tümpels: den Gelbrandwasserkäfer, den Rückenschwimmer oder den Wasserskorpion. Sie alle schwimmen kreuz und quer im Wasser herum oder kriechen zwischen den Wasserpflanzen, aber von Zeit zu Zeit müssen sie aus der Tiefe zur Oberfläche emporsteigen, um das Elixier ihres Lebens, die Luft, zu erreichen. Sie sind nämlich trotz ihres Wasserlebens als Insekten eigentlich Bewohner des Luft-

reiches. Das vorgeschichtliche Schicksal ihrer Sippe, das wir
im einzelnen nicht mehr zu enträtseln vermögen, zwingt sie,
ihr Leben im Wasser zu verbringen, aber ihre Natur als
Lufttiere, die zur Atmung der Luft bedürfen, können sie
deswegen nicht verleugnen. Wie finden sie nun bei Nacht
und Nebel nach oben? Zwei verschiedene Prinzipien hat die
Natur für diese Leistung entwickelt (Abb. 51). Der Gelbrand-
käfer und der Rückenschwimmer machen es mechanisch, der
Wasserskorpion macht es durch statische Reflexe. Wenn man
einen Rückenschwimmer etwas genauer betrachtet, so bemerkt man, daß er am Bauche einen glänzenden Luftüberzug
mit sich trägt. Winzige, dicht stehende Härchen halten die

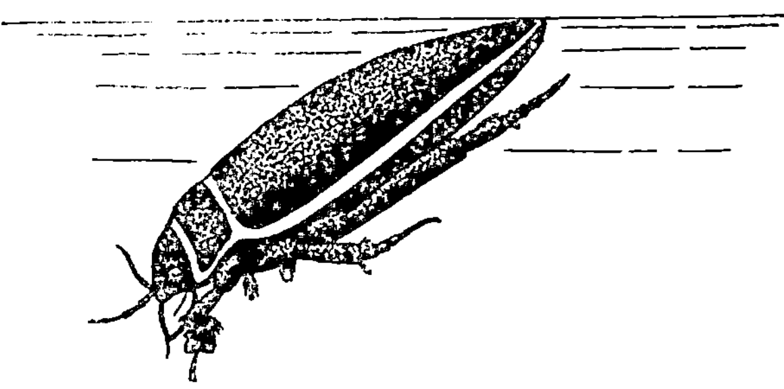

Abb. 51. Schwimmkäfer, an der Wasseroberfläche hängend, atmend.

Luft zwischen sich fest, und so kommt es, daß das Tier,
wie sein Name sagt, ein Rückenschwimmer wird, denn sein
Bauch ist spezifisch leichter als der übrige Körper. Man kann
daher einen Rückenschwimmer ruhig töten, er wird auch
nach seinem Tode noch seine ihm eigentümliche Haltung im
Wasser beibehalten. Das Tier ist nun aber auch im ganzen
etwas leichter als das Wasser, und somit hat es, wenn es
atmen will, eigentlich gar nichts anderes zu tun, als seine
Bewegungen einzustellen. Es schwebt dann ganz von selber
allmählich nach oben, bis die Spitze des Hinterleibes die
Wasseroberfläche berührt, worauf sich der Luftüberzug am
Bauche erneuert.

Der Wasserskorpion muß sich dagegen schon etwas mehr
anstrengen, wenn er zu seinem Lebensrechte kommen will.
Aber besonders viel Verstand braucht er dazu auch nicht;

zwei starke stets zur rechten Zeit sich einstellende Kräfte
führen ihn mit mathematischer Sicherheit nach oben, wenn
es gilt, die Atemluft zu erneuern: der Drang nach dem Licht
und der Drang nach oben oder, wie die Wissenschaft in ihrer
trockenen Sprache sagt, die positive Phototaxis und die nega-
tive Geotaxis. Beide sind an sich voneinander durchaus unabhängig, aber die Bewegungsrichtung, die sie dem Tiere
aufzwingen, ist ein und dieselbe, sie helfen also einander.
Wir haben hier nur die Geotaxis zu besprechen und von ihr
wollen wir auch nur so viel erwähnen, daß sich im Hinterleib des Wasserskorpions in mehreren Paaren statozysten-
artige Sinnesorgane finden, die dem Tiere mit Sicherheit den
Weg nach oben weisen.

Die Bogengänge, die wie wir sahen, lediglich bei den Wirbeltieren zu finden sind, arbeiten nach einem gänzlich anderen
Prinzip als die Statozysten. Die Statozysten reagieren auf die
Schwerkraft, die Bogengänge würden auch zur Geltung kommen, wenn es überhaupt keine Schwerkraft gäbe. Sie suchen
den Organismus nicht in eine bestimmte Lage zur Erde einzustellen, sondern ihn in der Lage festzuhalten, die er nun
einmal einnimmt. Da aber die Statolithenorgane des Laby-
rinths dafür sorgen, daß das Tier, sagen wir der Fisch, stets
seine Normallage zur Erde behält, so folgt hieraus, daß die
Bogengänge letzten Endes dazu da sind, die Statolithenorgane
in ihrer Wirkung zu unterstützen. Sie haben den Wert einer
technischen Verbesserung des ganzen Systems.

Daß die Bogengänge etwas mit der Orientierung im Raume
zu tun haben, zeigen sie in der aufdringlichsten Form, denn
sie sind in drei Ebenen angeordnet, die aufeinander senkrecht
stehen, also den gesamten dreidimensionalen Raum repräsen-
tieren (s. Abb. 39 u. 47). Trotz dieser sehr klaren Beziehung
hat es recht lange gedauert, bis man hinter ihr Geheimnis
gekommen ist. Als Erster machte der französische Forscher
F l o u r e n s 1824 auf sie aufmerksam, aber erst fünfzig Jahre
später vermochte B r e u e r eine Hypothese zu entwickeln, die
den Kern ihres Wesens enthüllte.

Wir wollen uns, um die Bogengänge von Grund aus zu begreifen, für einen Augenblick in die Kinderstube begeben.

Die Kinder sind gerade dabei, auf der Waschschüssel Schiffchen schwimmen zu lassen, gefertigt aus Nußschalen und
Streichhölzern. Eines davon segelt gerade auf der entgegengesetzten Seite, und um es an sich heranzubringen, dreht der
älteste Junge schleunigst die ganze Waschschüssel um
180 Grad. Aber er erreicht damit gar nichts. Die Waschschüssel konnte er drehen, aber das Wasser in ihr ist vermöge seines Beharrungsvermögens dort geblieben, wo es war,
und so schwimmt das Schiffchen noch immer hinten. Jetzt
wollen wir aber selbst etwas mit der Waschwanne spielen.
Aus schwarzem Papier schneiden wir uns einige Stücke, wie
sie hier gezeichnet sind, und
knicken sie längs der punktierten Linie. Wir kleben sie
dann mit dem breiten Ende
an die Wand der Schüssel,
so daß die langen schmalen
Enden gerade im Wasser
flottieren. Wir warten jetzt
einen Augenblick, bis das
Wasser sich beruhigt hat und
drehen jetzt die Schüssel mit
einem gewissen Ruck nach

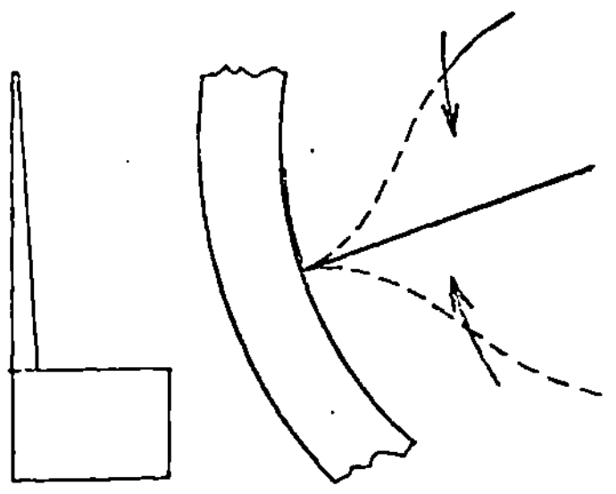

Abb. 52. Modellversuch zur Funktion
der Bogengänge. Näheres Text.

rechts oder links (Abb. 52). Siehe da! Unsere Papierstreifen
werden heftig nach einer Seite abgebogen. Da nämlich die
Wanne gedreht wurde, das Wasser aber dort blieb, wo es
vorher war, hat eine Verschiebung des Wassers gegen die
Schüssel stattgefunden, als deren Folge das Abbiegen der
Papierstreifen sich notwendig ergibt.

Mit diesem Spielzeug haben wir ein sehr einfaches Modell
für unsere Bogengänge gewonnen. Jeder von ihnen trägt am
einen Ende eine kleine Erweiterung, die sogenannte Ampulle.
In sie herein ragt ein Schopf verklebter Sinneshaare, die
Cupula terminalis. Der ganze Kanal ist mit einer wässerigen
Flüssigkeit erfüllt, die, wenn wir den Kopf ein wenig drehen,
genau so reagiert, wie das Wasser in der Wanne. Sie sucht,
gemäß ihrem Beharrungsvermögen, die alte Stelle im Raum
zu bewahren, während der Kanal selbst sich verschiebt, und

so kommt bei jeder Drehung ein Abbiegen des Haarschopfes
zustande, der dem Gehirn als Reiz gemeldet wird. Das Gehirn
antwortet dann mit einer Gegendrehung des Kopfes, so daß
seine alte Lage im Raum wiederhergestellt ist.

Dies ist das einfache Prinzip der Bogengänge. Da es ihrer
drei gibt, antwortet ein jeder, wenn die Drehung in seiner
Ebene erfolgt.

9. Die propriorezeptiven Erregungen.

Unsere Sinne sind keineswegs einzig und allein darauf eingestellt, Reize von der Außenwelt zu empfangen. Unser Körper selbst ist eine in sich geschlossene Welt, ein Mikrokosmos, von dessen einzelnen Teilen fortgesetzt Reize zum Gehirn verlaufen. Ebenso wie der General in der Schlacht wissen muß, wo seine einzelnen Regimenter und Abteilungen
stehen, damit er sie im richtigen Moment einsetzen kann,
ebenso muß das Gehirn, dem die Leitung des ganzen Körpers obliegt, genau darüber informiert sein, was die einzelnen
Glieder tun und wo sie sich befinden. Unzählige mechanisch
erregbare Sinnesendigungen, die in der Haut, in den Muskeln, in den Sehnen liegen, berichten ihm darüber.

Der Lagesinn. Für die Gesamtheit dieser von unserem
eigenen Körper ausgehenden Erregungen hat man in der
Wissenschaft ein recht schwerfälliges Wort geprägt, man
nennt sie „propriorezeptive“. Man könnte versucht sein, sich
hierfür ein etwas gefälligeres Deutsches zu ersinnen. Wie
hübsch wäre es, wenn wir hierfür Eigensinn sagen könnten,
aber die Schöpfer der deutschen Sprache, die anscheinend
der Ansicht waren, daß fremder Sinn besser als eigener ist,
haben leider daraus ein Schimpfwort gemacht. Wir müssen
also schon beim propriorezeptiven Sinn bleiben und uns an
einem ganz einfachen Beispiel klarmachen, was er leistet. Zunächst dieses: Ein jeder kann mit geschlossenen Augen sofort
sagen, wie er seinen Arm und seine Hand hält, und zwar
nicht nur so ungefähr, sondern ganz genau, jede Krümmung
aller einzelnen Finger ist ihm bekannt, die Drehung des
Handgelenks, die Winkelung des Ellenbogens. Daß all diese
Dinge in unser Bewußtsein eintreten, ist vielleicht weniger

bedeutungsvoll. Wenn wir aber nach einem Gegenstand greifen wollen, hängen die auszuführenden Bewegungen selbstverständlich von der Anfangsstellung des Armes und der
Hand ab. Die Sicherheit unseres Griffs ist daher nur dadurch möglich, daß das Gehirn in jedem Augenblick die Stellung der Glieder kennt und nach ihr die Bewegung der einzelnen Muskeln bemißt. Das Greifen, das wir schon von unseren affenartigen Vorfahren übernommen haben, setzt aber
noch viel mehr voraus. Die Hand eines Erwachsenen vermag
mit Leichtigkeit die Nasenspitze, das linke Ohr, das Knie oder
irgendeinen anderen Körperteil zu finden. Diese Fähigkeit,
ohne die wir nur schlecht leben könnten, ist uns nicht vom
Himmel gefallen. Unzählige Stunden unserer unbekümmerten
Jugendzeit haben wir dazu benutzt, unseren eignen Körper
mit solchen Greifbewegungen zu studieren. Erst will es gar
nicht so recht gehen. Beim Baby weiß das ungeschickte
Händchen noch nicht, die freche Fliege zu vertreiben, die sich
ihm mitten auf die Stirn gesetzt hat. Erst ganz langsam,
Schritt für Schritt wächst mit der Erfahrung die Sicherheit.
Worauf beruht sie letzten Endes? Wenn ich mit der Hand
meine Nase erfassen will, so ist hierzu eine bestimmte Krümmung des Arms in der Schulter, im Ellbogen- und im Hand-
gelenk nötig. Jede solche Bewegung teilt sich dem Gehirn
durch die Erregungen der zahlreichen Sinnesendigungen in
der Haut mit. Indem wir uns diese Erregungen einprägen
und den Arm im Wiederholungsfalle wieder so einstellen,
daß dieselben Erregungen sich zeigen, kommen wir mit der
Hand zur rechten Stelle. Noch etwas verwickelter liegen die
Dinge, wenn man nach einem anderen beweglichen Gliede
greift. Will ich mein rechtes Knie mit der Hand berühren,
so hängt das, was meine Hand zu tun hat, ganz davon ab, wo
sich mein Knie gerade befindet. Wenn das Bein gestreckt ist,
muß ich mit dem Arm weiter ausholen als wenn das Knie
angezogen ist. Auch diese Bewegung macht dem Erwachsenen gar keine Not. Er beherrscht sie im Dunkeln genau so
wie im Hellen. In den Plänen unseres Gehirns, die wir, anscheinend in müßiger Tendelei, in Wahrheit aber in lebens-
notwendiger Arbeit fertigten, als wir im Bette unserer Kind-

heit mit unseren Gliedern spielten, sind alle Möglichkeiten
vorgesehen. Das Knie meldet dem Gehirn durch die Sinneszellen der dehnbaren Haut unseres Schenkels, wo es gerade
ist, und das Gehirn bestimmt nach dieser Meldung, wie viele
und welche Erregungen dem Arme zuzugehen haben, damit
er sich richtig bewegt.

Das Entfernungsmessen. Wenn irgendein Gegenstand unsere Aufmerksamkeit erregt, so vermögen wir sofort und

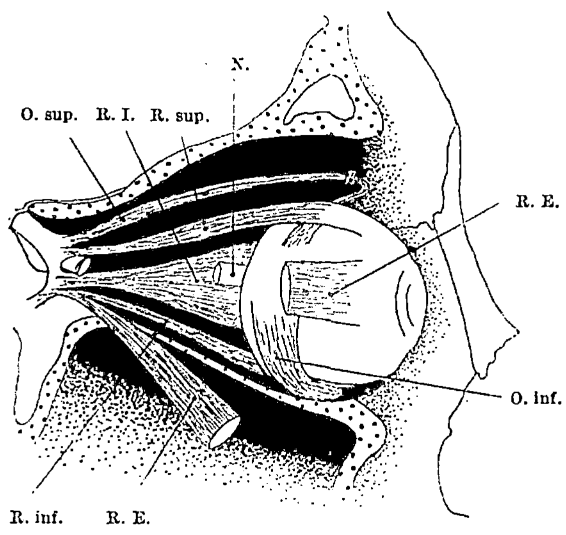

Abb. 53. Auge und Augenmuskeln des Menschen. N. Augennerv, R. E. Rectus
exterior, R. I. Rectus interior, Sup. Rectus superior, Inf. R. inferior. O. sup.,
O. inf. Obliquus superior und inferior.

ohne jede Erfahrung die Augen so zu drehen, daß das Bild
dieses Gegenstandes genau auf die zentrale Stelle unserer
Netzhaut zu liegen kommt, mit der wir die deutlichsten Bilder sehen. Jedes Auge wird dabei von sechs Muskeln bewegt,
die einen überaus empfindlichen Muskelsinn besitzen müssen
(Abb. 53). Die Verkürzung der einzelnen Muskeln hängt
nämlich, wie leicht einzusehen ist, keineswegs nur von der
Netzhautstelle ab, die zuerst das Bild empfing, sondern außerdem noch von der Lage, die das Auge in diesem Moment im
Kopf einnahm. Ebenso wie diese Handlung, die wir ständig

ausführen, vom Muskelsinne abhängt, vermögen wir nur mit seiner Hilfe die Entfernung der uns umgebenden Dinge zu beurteilen. Der Einäugige gießt bekanntlich sehr oft den Tee hinter oder vor seine Tasse, er ist in weiten Grenzen daran behindert, die Entfernung der Tasse richtig zu werten, und wir lernen daraus, daß das Zusammenspiel beider Augen zu dieser Leistung gehört. Was wir dabei eigentlich tun, das kann man sich am einfachsten klarmachen, wenn man sich das Schießen auf einem Kriegsschiff ansieht. Das feindliche Schiff, dem es gilt, wird mit dem Entfernungsmesser untersucht, einem langen Rohr, an dessen beiden Enden die optischen Apparate sitzen, mit denen das Schiff visiert wird. Aus dem Winkel, den die Achsen beider Instrumente miteinander bilden, berechnet sich die Entfernung des Objekts und die Überhöhung des Geschützlaufes.

Ganz ebenso machen wir es. Unsere Entfernungsmesser sind unsere Augen, die wir durch unsere sechs Paar Augenmuskeln so zu drehen wissen, daß beide nach dem Ziel sehen. Maßgebend für die Entfernung ist der Winkel der beiden Augachsen. Aber das Gehirn kann ihn nicht direkt messen, sondern es prägt sich die Verkürzung der sechs Muskeln ein, welche das Auge bewegen. Kenntnis hiervon bekommt das Gehirn selbstverständlich wiederum durch die mechanischen Sinneszellen, die in den Augenmuskeln selbst oder in ihren Sehnen sitzen.

Alle Wirbeltiere mit beweglichen Augen verfahren nach diesem Prinzip. Auch das Chamäleon, das die Fliege mit der blitzschnell vorgeschleuderten Zunge schießt, muß zuvor seine beiden Augen auf die Fliege richten und sich von seinen Augenmuskeln darüber belehren lassen, ob es die für den Schuß vorschriftsmäßige Distanz hat.

In sehr vielen Fällen ist eine Kombination dieses Augenmuskelsinnes mit dem unserer Glieder notwendig.

Kaum einer weiß, welche Geheimnisse sich hinter dem Steinwurf nach einem bestimmten Ziele verbergen. Der Steinwurf ist heute etwas aus der Mode gekommen. Für die meisten Menschen ist es heute wichtiger, daß sie richtig und dauerhaft auf dem Büroschemel sitzen. Aber in den langen

Perioden, die unserer Kultur vorangingen, war es vielleicht
eines der wichtigsten Erfordernisse des Lebens, daß man
den Stein meisterte und mit ihm den Gegner zu treffen wußte,
wie David den Goliath. Daher kommt es vielleicht, daß gerade der hierbei tätige Sinnesapparat von so unerhörter Raf-
finiertheit ist. Die Bewegungen unseres Armes beim Wurf
lenken wir mit unseren Augen.

Der geschickte Werfer oder auch der Pistolenschütze ist
sofort in der Lage, den Arm so vorzuschleudern, daß die
Hand in die Visierlinie gelangt, so daß jetzt Ziel, Hand und
Auge in einer Linie gelegen sind.

Auf dieser Leistung beruht die Sicherheit des Schusses und
des Wurfes. Sie ist uns nicht angeboren, so wenig wie die
Fähigkeit der Entfernungsschätzung. Das Kind greift nach
dem Vollmond und muß sich erst durch längere Erfahrung
zu der Einsicht durchkämpfen, daß seine Mühe vergeblich ist.
Immerhin lernt sich das einfache Entfernungsschätzen ziemlich schnell, die komplizierte Wurfhandlung bedarf dagegen
jahrelanger Übung, und so ist es begreiflich, daß selbst zehn-
jährige Kinder mitunter noch sehr unbeholfen im Werfen
sind.

Sehr oft kombinieren wir auch den Muskelsinn mit dem
Tastsinn. Man kann bekanntlich auch im Dunkeln recht gut
feststellen, welche Form irgendein Gegenstand besitzt. Wir
machen dies so, daß wir mit der Hand an diesem Gegenstand
entlang fahren und lesen es dann von den runden oder
eckigen Bewegungen unseres Armes ab, ob uns ein kreis-
förmiges oder quadratisches Gebilde zwischen den Fingern
ist. Ebenso verfahren wir, wenn wir durch Abtasten die Größe
eines Gegenstandes feststellen wollen. Es ist jetzt das Aus-
maß der Bewegung, das uns, auf Grund früherer Erfahrungen, belehrt.

Die Selbststeuerung der rhythmischen Bewegungen. Zeigen
uns bereits diese Beispiele, daß es um uns ziemlich kläglich
bestellt wäre, wenn wir keinen Muskelsinn besäßen, so werden
wir uns im folgenden leicht davon überzeugen können, daß
wir ohne einen solchen kaum zu leben vermöchten. Wenn wir
spazierengehen, machen wir Zehntausende von Schritten

hintereinander. Dies wäre nun aber eine wahre Tortur, müßten wir dabei jeden Schritt durch einen besonderen Willensakt erzwingen; wir müßten uns dabei so konzentrieren, daß der Spaziergang gar keine Erholung mehr sein würde. In Wirklichkeit tragen uns unsere Beine ganz allein, wir brauchen höchstens darauf zu achten, daß wir etwaigen Hindernissen aus dem Wege gehen, und können uns im übrigen gänzlich unbekümmert unseren Gedanken hingeben, unseren heimlichen Sorgen und Freuden, die wir niemandem als uns selbst anvertrauen; oder wir können nach Goethes Rezept, nichts zu suchen im Sinne, ins Blaue wandern. Diesen herrlichen Genuß verdanken wir nur dem Muskelsinn, der uns die Beaufsichtigung unserer Beine in liebevoller Weise abnimmt.

Wie dies geschieht, ist leicht zu verstehen. Jeder einzelne Schritt läßt sich in zwei Phasen zerlegen. In der einen Phase, bei der wir etwa das linke Bein möglichst weit vorsetzen, sind die Muskeln auf der Vorderseite desselben verkürzt, die auf der Hinterseite gedehnt. Genau wie in unseren Augenmuskeln sitzen nun auch in unseren Beinmuskeln zahlreiche zum Muskelsinn gehörige sensible Elemente. Sie belehren, ohne daß dies in unser Bewußtsein eingeht, unser Rückenmark von der verschiedenen Haltung der Beinmuskeln, und dieses schickt nun stets einen Impuls zu den gedehnten Muskeln, während die zusammengezogenen weniger innerviert werden. Auf diese Weise kommt jetzt die zweite Phase zustande: das Bein ist zurückgesetzt, die Muskeln der Vorderseite sind gedehnt, ihre Antagonisten verkürzt, und es wiederholt sich dasselbe Spiel wie vorher. So kommt, indem stets die Erregung den gedehnten Muskeln zugeleitet wird, die gleichmäßig pendelnde Bewegung unserer Glieder zustande.

Ganz ähnlich liegen die Dinge beim Atmungsvorgang, der sich aus einer rhythmischen Hebung und Senkung des Zwerchfells und des Brustkorbes zusammensetzt. Beim Einatmen dehnen wir den Brustkorb aus. Hierdurch werden eine Reihe zwischen den Rippen ansitzende Muskeln gedehnt, und ihnen fließt hierauf die Erregung zu. Sie kontrahieren sich und bedingen die Ausatmung. Die Konstruktion des Brust-

korbes bringt es aber mit sich, daß auch hierbei gewisse
Muskeln einer Dehnung ausgesetzt werden, diejenigen nämlich, auf deren Kontraktion der Einatmungsvorgang beruhte.
Daher folgt jetzt wieder eine neue Einatmungsphase, und dies
Spiel, ohne welches wir nicht zu leben vermöchten, geht
weiter Tag und Nacht, Jahr für Jahr, bis die Uhr unseres
Lebens stille steht.

10. Das Zusammenwirken der Sinne.

Der Mensch mag sein, wo er will, stets stürmen eine große
Menge der verschiedensten Reize auf ihn ein, und erst ihr
buntes und wechselvolles Zusammenspiel ergibt die „Reizsituation“, die in jedem Augenblicke unseres Lebens auf unsere Seele einwirkt. Es ist daher eine der wichtigsten Fragen
unseres Sinneslebens überhaupt, wie alle diese gleichzeitig
auf den Plan tretenden Reize zueinander stehen. Sie ist aber
mit einem Worte so wenig zu beantworten, wie etwa das Zueinander der Menschen in unserem Lebenskreise, denn hier
wie dort gibt es Freunde, Feinde und solche, deren Sphären
sich gegenseitig nicht berühren. Wir werden daher eine
Reihe verschiedener Möglichkeiten nacheinander ins Auge
fassen müssen.

Die doppelte Sicherung. Das Prinzip der mehrfachen
Sicherung ist uns aus der Technik geläufiger als aus der
Natur. Wenn der Ingenieur das Funktionieren einer Maschinerie unter allen Umständen sicherstellen will, dann läßt er
zwei oder mehr voneinander vollkommen unabhängige Apparate arbeiten, so daß, wenn der eine versagt, immer noch die
anderen den richtigen Gang der Dinge garantieren. Die Natur
hat aber dieses Prinzip schon viele Jahrmillionen vor dem
Menschen erfunden. Um eine biologisch wichtige Handlung
des Tieres sicherzustellen, wird häufig nicht nur ein Reiz angewandt, der diese Handlung erzwingt, sondern deren zwei
oder mehr. Fällt durch zufällige Beschädigung des einen
Sinnesorgans der eine Reflex weg, so ist immer noch das
zweite Sinnesorgan da, welches von sich aus und vom anderen durchaus unabhängig, die gleichen Bewegungen des

Tieres vermittelt. Wir wollen hiervon gleich einige Beispiele
kennenlernen.

Die Garnele, die im freien Wasser schwimmt, erhält ihr
Gleichgewicht einmal durch die Statoreflexe, die das Tier
nötigen, den Bauch der Erde zuzukehren. Das Tier unterliegt
aber zugleich dem Zwange, den Rücken dem Lichte darzu-
bieten, das von oben ins Wasser fällt. Man sieht: Lichtreiz
und Schwerereiz bewirken ein und dasselbe. Das Verhalten
des Tieres wird daher gar nicht gestört, wenn ich ihm das
Licht wegnehme, oder wenn ich ihm seine Schweresinnes-
organe amputiere. Die Bauchlage während des Schwimmens
ist also doppelt gesichert, und solche Fälle gibt es in großer
Zahl. Nicht zu verwechseln mit dieser Erscheinung der dop-
pelten Sicherung ist die freilich um vieles seltenere, daß zum
Zustandekommen einer Reflexhandlung zwei verschiedene
Reize notwendig sind. Das heißt: es geschieht nichts, wenn
nur Reiz A wirkt und ebensowenig, wenn nur B allein tätig
ist. Erst wenn A und B zugleich in Erscheinung treten, ist der
Erfolg gesichert.

Auf der Schale des Seeigels gibt es zwischen den Stacheln
höchst merkwürdige kleine Greifzangen, die sogenannten Pedi-
zellarien. Wenn die Haut des Seeigels irgendwie gereizt wird,
gebärden sich diese winzigen Schutzpolizisten sehr aufgeregt,
sie reißen ihre Mäuler auf, fahren wild umher und ver-
beißen sich in alles, was zwischen ihre scharfzähnigen Zangen
gerät. Reservierter verhalten sich nur die Giftpedizellarien
(Abb. 54). Sie sind die ernsthaftesten Abwehrwaffen des Seeigels und dürfen nur verwendet werden, wenn ein Feind naht:
ein Seestern, ein Raubfisch oder eine große Raubschnecke.
Solch ein Feind wird, wie wir gesehen haben, meist gewittert,
und daher ist es so eingerichtet, daß die Giftzangen nur
ansprechen, wenn sie chemisch und mechanisch zugleich in
Aufregung versetzt werden, was nur geschieht, wenn ein
faßbarer Körperteil des Feindes zwischen ihre Zangen gerät. Man kann dies an abgerissenen Giftzangen bequem
im Uhrschälchen studieren. Reize ich die Zangen mit einer
feinen Borste nur mechanisch, so schließen sie sich nur für
einen Augenblick, um sich sofort wieder zu öffnen. Reize ich

sie nur chemisch, so speien die Giftdrüsen ihren Saft aus, aber ein Schluß der Zangen kommt überhaupt nicht zustande. Aber wenn ich beides zu gleicher Zeit besorge, dann schließen sich die Zangen, um ihre Beute nie wieder freizulassen.

Ein Reiz löscht den andern aus. Sehr oft geschieht es aber im bunten Wechselspiel des Lebens, daß zwei Reize sich treffen, die nicht zu solch freundschaftlichen Zusammenspiel, wie in diesen Beispielen, geschaffen sind. Wir haben die Lichtkompaßbewegung kennengelernt, bei der die Insekten magische Kreise um ein Licht ziehen, das von der Seite ihr Auge trifft. Setzen wir also den Fall, daß ein Mistkäfer, einem solchen Reize folgend, auf dem Experimentiertisch herumkrabbelt, und wir legen ihm jetzt plötzlich seitlich sei-

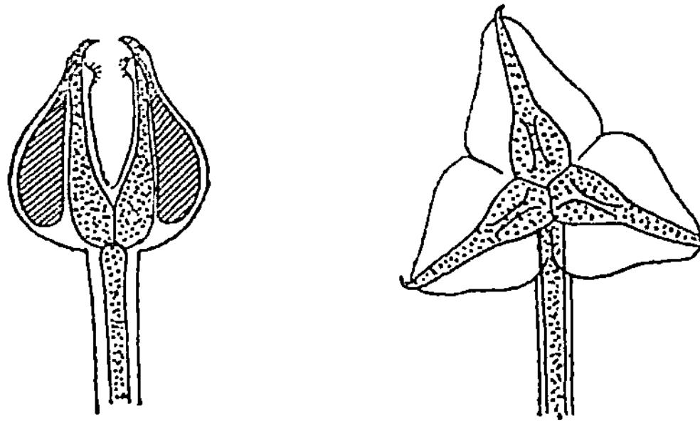

Abb. 54. Giftpedicellarie eines Seeigels, links geschlossen, rechts geöffnet.

ner Bahn einen herrlich duftenden Roßapfel hin, so werden wir sofort bemerken, daß alle Lichter dieser Welt vor seinem Auge versinken. Er kennt fortan nur ein Ziel, die Erreichung des Leckerbissens, dem er geradlinig zustrebt. Der Geruchsreiz löscht also in diesem Falle den Lichtreiz aus, er ist der stärkere und zwingt den Organismus in seinen Bann. Wir können aber auch mit Leichtigkeit die ganze Situation umkehren. Freilich nicht gerade beim Mistkäfer, den man nur durch sehr drastische Mittel von seiner Speise vertreiben könnte. Nehmen wir aber ein scheues Tier, etwa einen Schmetterling, der sich zum flüchtigen Genuß für einen Augenblick auf einer Blume niederläßt. Hier genügt die vorsichtig sich nahende Hand, um den Falter sofort vom

174

Nektar zu verscheuchen. Die Hand wurde gesehen, und so
ergibt sich, daß in diesem Falle der optische Reiz stärker war
als der chemische. Wir haben also jetzt schon drei Reize, von
denen immer der eine den anderen verdrängt, und können
verallgemeinernd hieraus den Schluß ziehen, daß es auch
im Reich der Sinne eine streng aufgerichtete Hierarchie gibt,
bei welcher ein Oben und ein Unten so wenig fehlt wie in
der großen Welt. Wir erkennen auch, wodurch die Rangordnung der Reize in unserem Falle bedingt ist. Der biologisch wichtigere trägt den Sieg davon. Das Aufsuchen des
Futters ist unstreitig wichtiger als das ziellose Spazierengehen unter dem Einflusse des Lichts. Wenn ich aber den
saugenden Falter zu greifen trachte, so tritt ihm der Tod
in bedenkliche Nähe. Das Leben ist aber noch wichtiger als
das Fressen, darum entflieht er. Es ist vielleicht nicht unnütz, wenn wir uns nach einem zweiten Beispiel umsehen,
welches diese Beziehung der Reize zueinander beleuchtet.
Der schwimmende Krebs muß, wie wir sahen, seinen Bauch
der Erde zukehren, Auge und Statocyste zwingen ihn hierzu.
Sobald er aber mit seinen dünnen, feinen Beinchen ein Algen-
blatt oder etwa einen Stein umgreift, ist er diesem Zwange
nicht mehr unterworfen. Es wäre für ihn auch ganz unaus-
stehlich, wenn es anders läge. Er könnte sich dann nur auf
solche Gegenstände setzen, die wagerecht im Wasser liegen,
die Algen aber, in deren dichtem Gestrüpp er sich vor seinen
Feinden verbirgt, wachsen vom Grunde senkrecht nach oben.
Dadurch, daß die Tastreize der Füße die Lagerreflexe aus-
löschen, die von den Statocysten und Augen ausgehen, bekommt der Krebs erst die Freiheit, auf festem Grunde zu
sitzen und sich zu bewegen, so wie es ihm beliebt.

Dieses Beispiel ist aber noch aus einem anderen Grunde
recht lehrreich. Die Rangordnung der Reize ist nämlich
keineswegs nur in ihrem Wesen begründet. Ein ganz starres
Subordinationsverhältnis, wie es das Militär kennt, gibt es
also hier nicht. Der „untergebene" Reiz kann, wenn er in
der nötigen Stärke auftritt, sehr wohl über seinen Vor-
gesetzten triumphieren. Wir haben den Trick kennengelernt,
durch den es gelingt, Krebse mit eisernen Statolithen zu

erhalten. Wenn solch ein Krebs mit den Füßen auf dem Boden steht, sollten die Gleichgewichtsreflexe eigentlich keinen Einfluß haben. Ich brauche ihm aber nur vom Rücken her einen genügend starken Magneten zu nähern, um ihn zu zwingen, daß er die Füße allmählich losläßt und sich, um sich selbst drehend, auf den Rücken wirft. Die Schwerkraft würde dies nie zuwege bringen, wenn sie allein wirkt, kann das Tier in beliebiger Haltung verharren. Der Magnet ist aber viel stärker, und der verstärkte Statolithendruck setzt seinen Einfluß den Tastreizen gegenüber durch, denen er sonst stets unterliegt.

Die Willensfreiheit. Die bisher betrachteten Reizsituationen waren alle von sehr großer Einfachheit. Wenn mehr Reize, etwa fünf oder sechs miteinander in Wettbewerb treten, wobei es, wie wir soeben sahen, auch auf die Stärke der einzelnen ankommt, dann wird die Gesamtlage sehr unübersichtlich, und man kann schlecht voraussehen, was sich ereignen wird. In der Physik redet man von Zufall, wenn der Effekt durch zahlreiche nicht berechenbare Faktoren bedingt ist, in der Physiologie erweckt eine solche Vielheit leicht den Eindruck der Willkür. Bei den höheren Tieren haben wir es fast stets mit einer solchen Vielheit gleichzeitig wirkender Reize zu tun.

Wir sahen: wenn ich die Schmeißfliege scheuche, flieht sie mit Sicherheit dem Fenster zu. Scheuche ich aber eine Katze, die zu ebener Erde durchs Fenster in mein Zimmer kam, so kann ich den Erfolg meiner Handlung nicht klar voraussehen. Freilich kann auch sie die Flucht durch das Fenster ergreifen, aber ebensogut ist es möglich, daß sie sich unter das Sofa verkriecht, oder daß sie, von boshaftem Gemüt, mir ins Gesicht springt. Das höhere Tier hat eine größere Auswahl des Handelns, eine größere Handlungsfreiheit, weil seine besseren Sinnesorgane es befähigen, viel mehr zu unterscheiden, anders gesagt, weil seine Umwelt um vieles komplizierter ist. Für das Fliegenauge gibt es nur das helle Fenster und das dunkle Zimmer, die Katze sieht tausend Einzelheiten: das Sofa, den Schrank, die finstere Ecke, mich, den Verfolger, das Fenster usw. Welcher von diesen zugleich auf sie einstürmenden optischen Reizen ihre Bewegung bedingt, ist nicht vorauszuberechnen, und daher bekommen wir den Eindruck, daß das Tier willkürlich handelt.

Beim Menschen liegen die Dinge noch viel verwickelter. Bei den meisten Dingen, die wir tun, achten wir nicht nur auf unsere augenblicklichen Sinneseindrücke wie die Tiere, diese Kinder des Augenblickes, sondern es tauchen zugleich mannigfache Erinnerungsbilder vor unserer Seele auf, Sinnesreize vergangener Zeiten, die, gleichsam wieder zum Leben erwachend, mit den jetzt wirkenden rivalisieren und unser Tun mitbestimmen. Blitzschnelle Überlegungen, die an das Wahrgenommene anknüpfen, geben dem einen Sinneseindruck mehr, dem anderen weniger Gewicht, und die Resultate all dieser Geschehnisse ist unser „Entschluß“. Wie kommt er zustande? Wir Menschen glauben, daß wir in souveräner Beherrschung der Lage nach Prüfung aller Dinge, die wir durch unsere Sinne erfahren, frei entscheiden dürfen. Es ist so, als ob eine vielköpfige Ratsversammlung dem Könige ihre Vorschläge macht, ein jeder von seinem Standpunkt aus, der eine mit lauter Stimme und im Brusttone der Überzeugung, ein anderer mit schlichten Worten, die Dinge für sich selbst reden lassend. Er aber, der König, hört alle an und entscheidet dann nach freiem Ermessen, nicht immer zugunsten des Schreiers. Dies ist die göttliche These von der Willensfreiheit, der Liebling der Philosophen.

Vielleicht ist sie aber nur ein leeres Trugbild, das unsere Eitelkeit uns vorgaukelt. Vielleicht gibt es in unserem Seelenstaat gar keinen solchen König, und unsere Entschlüsse, auf die wir uns soviel einbilden, sind weiter nichts, als was sie bei den Tieren sind: der Erfolg des Wettstreites vieler Sinneseindrücke, der, uns selbst gar nicht bewußt in unserem Innern sich abspielt.

Mancherlei spricht zugunsten dieser banaleren Hypothese. Man braucht die Reizsituation nur einfach genug zu gestalten, indem man einen Reiz über alle anderen dominieren läßt, und der stolze Mensch sinkt von der Höhe seiner Willensfreiheit zum Tier herab, das auf bestimmten Reiz zwangsmäßige Antwort gibt. Stelle ich unter eine Gruppe von Men-

schen ein Gefäß mit Wasser, so wird sich normalerweise
nichts Besonderes ergeben. Tue ich aber dasselbe mit Menschen, die seit Tagen der Durst martert, und denen die Zunge
am Gaumen klebt, so werden sie sich alle mit wilder Leiden-
schaft auf das Wasser stürzen, sie werden „positiv hydro-
taktisch" werden, genau so wie der Wasserfloh phototaktisch wurde, als wir die Kohlensäure in sein Wasser gossen.

Zwei gleiche Reize ringen um die Herrschaft. Mit der im
Vorhergehenden erörterten Frage hat man sich in der Wissenschaft bisher ziemlich wenig beschäftigt, obgleich sie an sich
vielleicht eine der allerwichtigsten ist. Mehr Aufmerksamkeit
wendete man dem folgenden Probleme zu. Was geschieht,
wenn ich auf den Organismus gleichzeitig zwei Reize von
derselben Art wirken lasse, die aus verschiedenen Richtungen kommen? Das klassische Beispiel hierfür ist der seit
alters her berühmte Esel B u r i d a n s , der zwischen zwei
gleich großen Heubündeln verhungert, weil er sich für keines
von ihnen entschließen kann. Dieser Esel ist freilich in den
Schriften B u r i d a n s , der ein bedeutender französischer
Philosoph des vierzehnten Jahrhunderts war, nicht aufzu-
finden, er diente den Gegnern dieses Mannes nur dazu, ihn
ein wenig zu verhöhnen. Um so interessanter ist die Tatsache,
daß die moderne Wissenschaft gefunden hat, daß es auch
in Wirklichkeit solche „Esel" gibt, nur muß man, um sie
zu finden, recht tief in die unteren Stockwerke des Tier-
reiches hinabsteigen. Setzt man einem solchen Tierchen,
das für gewöhnlich mit Energie auf ein Licht zuschwimmt,
deren zwei vor die Nase, so kann man mit aller Deutlichkeit
bewundern, wie das Tier weder auf das eine noch auf das
andere dieser Lichter zuschwimmt, sondern sich mitten zwischen ihnen hindurchbewegt. Es fehlt hier also innerhalb
einer Reizqualität offenbar die Fähigkeit des Tieres, den einen
Reiz im Gehirn auszuschalten. Man darf sich nun aber
wirklich nicht einbilden, daß alle sogenannten „niederen"
Tiere auf einer so primitiven Stufe stehengeblieben sind.
Es gibt viele unter ihnen, so die meisten Insekten und Krebse,
aber auch schon gewisse Würmer und selbst die Seesterne,
die sehr wohl auch hier eine Ausschaltung des einen Reizes

fertigbringen und nur den anderen beachten. Mitunter kann
man in sehr launiger Weise beobachten, daß das Tier zwischen den beiden Reizen hin- und herschwankt wie ein
Mensch, der sich nicht recht entscheiden kann. Erst
schwimmt der Wasserfloh ein Stückchen auf das linke Licht
zu, dann sagt er sich nein, halt! doch lieber das rechte, aber
schon nach kurzen wandelt ihn wiederum die Reue, und so
geht es lustig im Zickzack weiter.

Die Assoziationen. Der Reiz, der einen unserer Sinne trifft,
ist oft scheinbar vergänglichster Art. Nur für einen Augenblick zieht der Klang einer Melodie an unserem Ohr vorüber,
nur für wenige Sekunden vielleicht trifft unser Blick im
Straßengewühl auf ein Menschenantlitz, dessen Eigenart uns
fesselt und unsere Phantasie erregt. Aber diese flüchtigste
Berührung unserer Sinnessphäre genügt, um Melodie oder
Mensch nach Monaten wiederzuerkennen, wenn es der Zufall
fügt, daß wir ihnen wieder begegnen.

Habe ich ein einziges Mal den Duft italienischen Speiseöls
genossen, so fällt mir dies vielleicht selbst nach Jahren wieder ein, wenn ich ein zweites Mal dem gleichen Dufte begegne. Also ist, als ich das erstemal dieses Öl roch, eine
dauernde Veränderung mit mir vorgegangen. Unmerklich
selbst für den mikroskopischen Beschauer, aber dennoch mit
erstaunlicher Festigkeit ist in irgendeiner Gehirnzelle oder
einer Gruppe von solchen beim Riechen des Öls eine struk-
turelle Veränderung eingetreten, die sich im Akte des Wiedererkennens geltend macht, wenn derselbe Reiz zum zweiten
Male an mich herantritt. Aber nicht nur dies kann ich an
mir selbst beobachten. Gesetzt den Fall, daß ich die Bekanntschaft des Olivenöls im sonnigen Süden machte, aber in meiner Küche, wenn irgendein leckeres Mahl bereitet wird, ihm
zum zweiten Male begegne, so kann ich ein wahres Wunder
erleben. Urplötzlich, wie ein geisterhafter Spuk erscheint
vor meiner Seele das ferne südliche Land, ich höre die
melodische Stimme der Straßenverkäufer, das Geschrei der
Eseltreiber, ich sehe die lachende Sonne und das bunte
malerische Bild der italienischen Gasse. Liebe Menschen
fallen mir wieder ein, mit denen ich dort unten vor Jahren

eine Stunde sonniger Lebensfreude genoß, und dies alles hat
der Geruch des bratenden Öls in der Küche vollbracht!

Die Wissenschaft bezeichnet diesen Vorgang, einen der
wunderbarsten in dieser ganzen Welt, mit dem Worte
Assoziation. Man versteht darunter in nüchternster Sprache,
daß sich bei gleichzeitiger Reizung verschiedener Sinne zwischen den erregten Zellen des Gehirns zarte Querverbindun-
gen bilden. Sie bleiben bestehen, monatelang, lebenslang, und
wenn viel später ein einziger der früheren Sinneseindrücke
wieder anklingt, so läuft die Erregung auf diesen Querver-

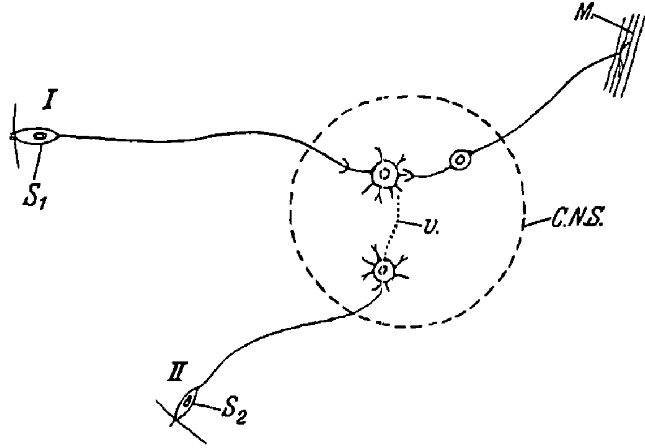

Abb. 55. Darstellung der im Nervenzentrum bei der Assoziation beteiligten
nervösen Elemente. S₁ den Hauptreiz aufnehmende Sinneszelle, S₂ den
Begleitreiz aufnehmende Sinneszelle, V Verbindungsbahn, C.N.S. Zentralnervensystem, M Muskel.

bindungen zu all diesen anderen Gehirnzellen und schafft in
ihnen einen Zustand, sehr ähnlich, als wären sie selbst gereizt.

Die Assoziationen sind keine Eigenheit des Menschen. Sie
sind für alle Tiere von der größten Wichtigkeit, und vielleicht
gibt es überhaupt keine Tiere, selbst unter den kleinsten
und einfachsten, die ganz ohne Assoziationen auskämen. Das
wunderbare Erlebnis des Wiederemportauchens ganzer Situationen vergangener Zeiten spielt sich aber verborgen in
unserer Seele ab. Selbst einer, der dicht neben dem sitzt, der
solches erlebt, würde nichts davon gewahr werden. So bleibt
es unserer Phantasie überlassen, zu glauben oder nicht zu
glauben, wieweit Derartiges bei den Tieren verbreitet ist.

Dafür gibt uns aber das Tier die Möglichkeit, die Assoziationen in ihrer einfachsten Form zu studieren und so in ihr Wesen etwas näher einzudringen.

Nehmen wir als einfachsten Fall an, daß irgendein Reiz, der die Sinneszelle S_1 trifft, stets eine bestimmte reflektorische Bewegung bewirkt, und gesellen wir ihm einen zweiten Reiz bei (S_2), der für sich allein gar keine Folgen nach sich zieht, so stellt sich mit der Zeit zwischen ihren Zentren im Innern des Nervensystems eine Verbindung V her, die dem Begleitreiz einen Anteil am reflektorischen Geschehen ermöglicht (Abb. 55). Lassen wir jetzt den ersten Reiz ganz beiseite und nur den ursprünglich wirkungslosen zweiten Reiz in Erscheinung treten, so erfolgt nunmehr auf ihn allein dieselbe motorische Reaktion, die anfangs nur auf den ersten Reiz hin sichtbar wurde.

Der berühmte russische Forscher P a w l o w hat das Zustandekommen derartiger Assoziationen besonders am Hunde studiert. Man kann einem Hunde, jedesmal wenn er etwas zu fressen bekommt, eine rote Scheibe zeigen, oder man kann etwa einen Pfiff ertönen lassen, er merkt es sich dann sehr bald, daß das Futter und der Pfiff zusammengehören und reagiert nach kurzer Zeit auf den Pfiff allein genau so wie auf das Futter, das er gar nicht bekommen hat. Es läßt sich dies höchst objektiv feststellen. Der Futterreiz bewirkt nämlich, daß dann dem Hund der Speichel im Munde zusammenläuft; durch besondere Methode kann man diesen Speichelfluß genauestens messen, und es zeigt sich nun, daß der Speichel auch dann zu tropfen beginnt, wenn das Tier nur das Futter sieht oder nur die rote Scheibe oder den Pfiff gewahr wird. Die beliebigsten Reize lassen sich miteinander assoziieren. Wenn man den Hund z. B. eine Zeitlang, bevor er das Futter erhält, zwickt, so stellt sich, so absonderlich dies auch klingen mag, der Speichelfluß nach einiger Zeit auch dann ein, wenn nur gezwickt wird. Beim Tiere, dessen Empfindungswelt uns verschlossen ist, kennen wir keine Assoziationen, die nicht von einem äußeren Reize ihren Ausgang nähmen. Beim Menschen ist dies anders. Wir sahen, daß durch die Assoziation mit anderen Reizen

unsere Sinneszentren in einen sehr merkwürdigen Zustand
geraten: sie verhalten sich ähnlich, wie wenn sie unmittelbar
durch die ihnen zugehörigen Sinneszellen gereizt wären. Es
ist zur Auslösung dieser sehr auffallenden Erscheinung aber
nicht einmal notwendig, daß ein bestimmter äußerer Reiz als
Erwecker solcher sinnlicher Vorstellungen auftritt. Der bloße
Gedanke genügt sehr oft hierzu.

Die einzelnen Sinnesgebiete verhalten sich allerdings hierbei sehr verschieden. Es ist vielen Menschen unmöglich, sich
einen bestimmten Geruch oder Geschmack vorzustellen, dagegen sind wir im Gebiete gerade der Sinne, die am meisten
Einfluß auf unsere Seele haben, im höchsten Grade zu sinn-
lichen Vorstellungen befähigt. Fast jeder ist wohl imstande,
irgendeinen Menschen, der vielleicht längst kein Gast mehr auf
dieser Erde ist, im Geiste ins Zimmer treten zu lassen. Leibhaftig sehen wir seine Gestalt und alle seine Bewegungen. Wir
sehen, wie er sich den Bart streicht, und sein dunkles Auge
ruht forschend auf unserem Antlitz, so wie es einst gewesen
ist. Wir hören sein Lachen, sein Räuspern und den Klang seiner
Worte, der in Wahrheit nie mehr unser Ohr erreichen wird.

So werden wir gewahr, daß unser Gehirn, losgelöst von
allen äußeren Sinnen, dennoch den Niederschlag früherer
Sinneseindrücke, abgeblaßt und schemenhaft uns vermittelt
wie ein Zauberspiegel im Märchen, der das Bild dessen, der
einst hineinschaute, festhält und dem Wünschenden von neuem
erscheinen läßt. Gäbe es nicht diesen inneren Sinn, als Ab-
glanz alles dessen, was durch die Pforten von Auge und Ohr
im früheren Leben Eingang zu unserer Seele fand, so wäre
das Altern ein gar trauriges Ding. Wenn der Kreis unseres
Lebens seiner Vollendung naht, verlassen unsere Sinnes-
kräfte, den dürren Blättern gleich, die der Herbststurm vom
Baume schüttelt, mehr und mehr unseren müden Leib. Ohr
und Auge werden stumpf und matt und sind nicht mehr
fähig, die Schönheit dieser Welt in sich aufzunehmen. Dann
ist es die Welt unserer Vorstellungen, die uns erlaubt, noch einmal durchzukosten, was uns im Leben Schönes beschieden war,
und so den Schluß unseres Erdendaseins freundlich gestaltet.
